黑龙江省优秀学术著作出版资助项目

抗寒速生用材树种
新种质选育及培育技术研究

主编 邢亚娟

黑龙江科学技术出版社
HEILONGJIANG SCIENCE AND TECHNOLOGY PRESS

图书在版编目（CIP）数据

抗寒速生用材树种新种质选育及培育技术研究 / 邢亚娟主编. -- 哈尔滨：黑龙江科学技术出版社, 2021.5
（北方抗寒经济植物）
ISBN 978-7-5719-0959-8

Ⅰ. ①抗… Ⅱ. ①邢… Ⅲ. ①用材林 – 速生树种 – 抗寒育种 – 研究 Ⅳ. ①S722.3

中国版本图书馆 CIP 数据核字(2021)第 094297 号

抗寒速生用材树种新种质选育及培育技术研究

KANGHAN SUSHENG YONGCAI SHUZHONG XIN ZHONGZHI XUANYU JI PEIYU JISHU YANJIU

作　　者	邢亚娟
责任编辑	刘松岩　孔　璐　徐　洋
封面设计	翟　晓
出　　版	黑龙江科学技术出版社
	地址：哈尔滨市南岗区公安街 70-2 号　邮编：150001
	电话：（0451）53642106　传真：（0451）53642143
	网址：www.lkcbs.cn　www.lkpub.cn
发　　行	全国新华书店
印　　刷	哈尔滨午阳印刷有限公司
开　　本	787 mm×1092 mm　　1/16
印　　张	12.75
字　　数	200 千字
版　　次	2021 年 5 月第 1 版
印　　次	2021 年 5 月第 1 次印刷
书　　号	ISBN 978-7-5719-0959-8
定　　价	76.00 元

《抗寒速生用材树种新种质选育及培育技术研究》

编委会

目　录

第一章　杂种落叶松选育及培育技术研究

第一节　概述

一、杂种落叶松育种研究现状

落叶松是东北林区的乡土树种，它适应性强、早期速生、成林快、病虫害少、材质优良，是纤维用材林和建筑用材林造林首选树种之一，其造林面积和保存面积占绝对优势，是我国东北地区的重要用材和生态树种。

杂种落叶松是以当地种源的落叶松为亲本，与日本落叶松开展属内种间杂交获得的品种，其生长具有明显优势，尤其是以日本落叶松为母本、长白落叶松和兴安落叶松为父本的杂种优势更为明显。

1. 国外研究状况

1900 年，爱勒斯和亨利在英国的敦开特附近发现日本落叶松和欧洲落叶松自由授粉的后代生长特别快，并于 20 世纪 30 年代建立了落叶松杂种种子园。1926 年，丹麦研究人员发现日本落叶松×欧洲落叶松杂种 10 年生时比日本落叶松高出 18%。日本是从实用角度进行种和种源杂交最多的国家。日本落叶松引入北海道后，虽然生长较快，但往往因遭受冻害而影响树形，还常因鼠害而使幼林夭折。库页岛种源及千岛种源的兴安落叶松引入北海道后，表现出抗寒和抗鼠害的优越性，但其生长速度较慢。经过杂交后，两者的杂种不仅生长速度快（和日本落叶松相当，比兴安落叶松快 89%），还表现出很强的抗寒和抗鼠害能力，材质也比日本落叶松好，又具有双亲的抗性。英、法、德、捷克及北欧国家也从育种需要方面开展了较广泛的种间杂交。美国和加拿大的乡土树种为北美落叶松[*L. la ricina*（Du Roi） K. Roch]，通过日本落叶松引种种源试验，对其在生长、干形、适应性、抗病性及材质等各方面进行比较时发现，日本落叶松都优于北美落叶松，而其杂种在上述各方面的表现又都优于日本落叶松，6 年生时杂种的树高大于日本落叶松 12.5%，胸径大于日本落叶松 27%，干形也优于二亲本。美国威斯康星州中北部栽培的欧洲落叶松×日本落叶松杂种 8 年生时的树高为双亲平均值的 119%。近 10 年来，英国已制定了以杂种落叶松为落叶松人工林用种的基本方针，已建立了一个以 300 株日本落叶松优树和 300 株欧洲落叶松优树为资源群体的杂交育种体系。在种间，一方面进行析因设计的杂交，以寻求最好的组合，另一方面进行多系杂交，以大量生产遗传基础较广的混系杂种用于造林。同时，还在种内进行两两随机交配，以求从其子代中选出更好的可供下一代杂交使用的优树。为加速育种进程，英国还建立了主要用于杂交育种的塑料大棚种子园。德国栽培的 33 年生欧洲落叶松×日本落叶松杂种树高和胸径生长量分别超过双亲平均值 12%~14%和 9.0%。

　　落叶松种间杂种已是许多国家造林的重要树种，但生产力因气候和立地差异较大，所以各国都在筛选本国适用的亲本组合。杂种适应性极广，在加拿大的湿地到干燥高地上，欧×日杂种生长量可达本地乡土树种——北美落叶松的 2~3 倍。美国的 D. E. Riemenschneider 认为，欧洲落叶松×日本落叶松组合生长量大于日×欧组合。瑞典 11 年生欧洲落叶松×日本落叶松的树高、胸径生长量证明，欧洲落叶松×日本落叶松正交比反交效果好。德国 33 年生欧洲落叶松×日本落叶松的树高生长量不如日本落叶松×欧洲落叶松，胸径生长量大于日本落叶松×欧洲落叶松。日本通过 20 多年的多点试验，看到兴安落叶松和日本落叶松杂种在北海道生长力与日本落叶松相当，比兴安落叶松高 89%，鼠害低，保存率与兴安落叶松一样，材质比日本落叶松有所改善，又具双亲抗病性，从而确定该组合为本气候区主栽落叶松。日本曾报道，华北落叶松×日本落叶松杂种可抗鼠害，兴安落叶松×日本落叶松杂种生长快及抗鼠害力强。日本研究人员高桥幸男报道，兴安落叶松×日本落叶松组合生长量大于日本落叶松×兴安落叶松组合。

林业发达国家特别是美国、瑞典、芬兰、新西兰、澳大利亚等国，重要针叶用材树种的遗传改良已经步入第三代。美国北卡罗来纳州树种改良协作组正为发展第三代改良做准备，个别公司已试建了第三代种子园。英国、丹麦、比利时在 20 世纪 30—50 年代建立了欧洲落叶松×日本落叶松杂交种子园，德国、匈牙利建立了欧洲落叶松初级种子园，美国、加拿大营建了美加落叶松第一代无性系种子园，日本、韩国营建了日本落叶松初级种子园，俄罗斯营建了欧洲落叶松、西伯利亚落叶松初级种子园，有关落叶松第二代种子园的报道较少。

2.国内研究状况

国内进行落叶松属种间杂交工作始于 20 世纪 60 年代初，70 年代后开始在学术上有较大的影响。1972 年，辽宁省森林经营研究所在日本落叶松、华北落叶松、长白落叶松和兴安落叶松等 4 个种间做了 21 个杂交组合，并建立了子代测定林。1974 年，中国林科院沈阳森林土壤研究所与辽宁省清远县大孤家林场共同进行了日本落叶松与华北落叶松、长白落叶松、兴安落叶松等种间的杂交试验，得到了在生长速度、抗霜害及抗早期落叶病等方面具有不同程度优势的杂交后代。黑龙江省林业科学研究所关于杂种落叶松种子园的研究始于 20 世纪 80 年代，30 多年来一直从事优良杂种的选育以及种子生产技术的研究，并取得了很多成果：黑龙江省表现最好的是日本落叶松与兴安落叶松的正反交杂交组合，其材积增长率是亲本的 163.6%，材性、抗寒及抗病虫害能力等均接近优良亲本，并提出了育种模式；落叶松杂种二代具有显著的增产能力，在青山林场建立子代测定林及试验示范林 43.0 hm^2，并提出了在没有进行杂交育种地区建立杂种实生种子园的方案；9 年生日本落叶松半双列杂交后代生长性状的配合力分析结果表明，树高和胸径的一般配合力方差在总遗传方差中占有绝对优势，分别占 83.65% 和 51.87%，说明基因家系效应决定了日本落叶松的生长性状，根据特殊配合力效应和一般配合力效应，筛选出优良的杂交组合，提出了营建种子园的基本原则；目前，已建成杂种落叶松种子园 7.8 hm^2，生产杂种落叶松良种 200 kg。1998 年在黑龙江省林业科学院江山娇实验林场营建的 20 hm^2 杂种落叶松人工试验林，其胸径、树高生长量明显超过本地的长白落叶松。11 年杂种落叶松一般比当地优良种源增产15%以上，而且抗病力强，国内外都把杂种落叶松用于生产造林，并把它作为落叶松造林的主栽品种。

二、人工林培育经营与发展概况

1.林分生长规律研究现状及其进展

长期的研究证明，在未受到严重干扰的条件下，无论是天然林还是人工林，林分的胸径、树高、形数、材积、树冠等都具有一定的分布状态，并表现出较稳定的规律性，称为林分结构规律。由于测定的因子不同，林分结构可分为胸径结构、树高结构和材积结构，林分的胸径结构直接影响林木的树高、材积和树冠，所以说，胸径结构是最重要的林分结构。

国内外的林学专家在各阶段均做了许多关于胸径结构的研究工作。Clutter和 Bennett 用 β 分布拟合了弃耕地湿地松人工林的直径分布，并根据该直径分布编制了可变密度收获表，并建立了一个预估湿地松多产品的收获模型；Weibull 分布的概率密度函数有较大的灵活性，比较容易获得参数的估计值，其参数的生物学意义明显，并且在闭区间内存在积累分布函数等优点，Bailey和 Dell 提出用 Weibull 分布来拟合直径分布，取得了理想的效果。Hyink 提出了获得描述直径分布参数的新方法，称为参数恢复模型，并把以前用经验函数预估分布参数的方法称为参数预估模型。参数恢复模型解决了参数预估模型中分布参数与林分因子相关性不显著的缺点。

我国对林分直径分布模型的研究起步较晚。1984 年日本九州大学西泽正文教授来我国首次介绍了用 Weibull 分布拟合林分结构的方法；随后寇文正分别用 β 分布、S_B 分布、正态分布、对数正态分布、Weibull 分布拟合浙、皖杉木直径分布；孟宪宇用 Weibull 分布函数模拟了油松人工林直径分布，并拟合了分布参数与林分平均直径、直径变动系数、平均高、年龄以及单位面积林木株数的相关性，但效果不理想，他还使用 Weibull 分布对天然兴安落叶松林分直径分布和树高分布进行了拟合，检验结果表明拟合精度良好；李凤日分别用 Weibull、S_B、β 及综合 τ 分布拟合兴安落叶松天然林直径分布，结果认

为综合 τ 分布拟合效果最佳，Weibull 也较适合；方精云等提出 Weibull 分布参数求解的最小二乘法，并求解了日本落叶松模拟密度实验林分的直径分布的各参数，同时对参数与林分平均直径的关系做了深入的研究；潘存德采用 K.pearson 分布系描述杨树直径分布，借助时间序列分析技术对林分直径分布进行预测，拟合效果良好；李一清利用云南固定标准地资料，把权重指数和密度指数作为参数，建立了林分直径结构预测模型，检验后表明该模型具有较高的拟合精度；在参考 Hyink 所提出的 Weibull 分布为基础的参数预测模型和 Nepal 所提出的林分表设计方法后，李法胜等提出了一种修正的参数预测模型；孟宪宇利用长白山落叶松人工林资料，建立了不同累积株数为分布直径的联立方程组，直接对林分直径分布进行模拟，结果表明：模拟精度比分布函数预测结果高；惠刚盈等通过理论分析与实际验证提出了一种新的林分直径分布预测方法，采用亮点回收、差分还原途径实现林分直径结果的预测；张荷观利用连续两次的固定样地资料，对林木直径分布进行了马尔可夫预测，并给出了各参数的无偏估计；朱焕宇利用豫南马尾松人工同龄林标准地资料，用幂指数函数、正态分布、对数正态分布、β 分布进行直径分布拟合，结果发现 β 分布效果最佳，正态分布拟合效果也较好，对数正态分布拟合效果最差；黄家荣等提出了马尾松人工林直径分布神经网络模型，得出了神经网络建模技术拟合精度高的结论；鲍晓红用正态分布、对数正态分布、Weibull 分布、β 分布、τ 分布函数拟合福建火炬松人工林的直径分布，结果表明 Weibull 的拟合效果最好；闫东锋同样用上述 5 种分布模型拟合宝天曼自然保护区天然次生林林分直径结构分布，结果表明 β 分布与 Weibull 分布均为较佳的直径分布模型。

纵观林木直径分布研究的进展与趋势，林业工作者采用不同的分布模型对不同的树种进行了研究，认为用分布函数拟合林木直径分布具有较大的灵活性，因此应用最为广泛。研究和把握落叶松人工林的直径分布规律，对落叶松人工林培育的理论和实践都具有十分重要的意义。

林木的生长规律是林业经营研究的基础，主要表现在两个方面：一是研究不同密度的林木胸径、树高、径阶、单株材积及单位蓄积等方面的生长变化规律；二是针对不同密度林分的胸径、树高、单株材积及单位林分蓄积的生长状况，建立生长模型。

在研究生长量的过程中，主要采用标准木的调查方法，通过解析木分析林木胸径、树高、径阶、单株材积及单位蓄积生长状况。林开敏等对29年杉木不同造林密度的生长进程进行分析和研究，认为在相同林龄下，树高、胸径和材积的生长指标均随密度增大而递减，胸径和树高的连年生长量与平均生产量相交年限随密度增加而减小；刘君然研究了落叶松人工林不同密度的生长变化规律；张连水等进行了湿地松人工林生长规律的研究；徐勃、齐中武就杨树人工林的生长特性进行了研究；朱慧等对闽东柳杉人工林的经营密度与生长关系进行了研究；等等。

生长模型是指以林木生长理论为基础，利用测定的胸径、树高、蓄积材积、生物量等观测值，拟合符合单木或林分的生长曲线方程，进而预测胸径、树高、蓄积材积和生物量的生长规律。

2.林分密度效应研究现状及其进展

日本《林业自然事典》中密度效应的定义是：个体群及其构成个体的生长与个体密度的关系。国内外学者对密度效应进行了大量的研究。林分密度反映了林木对其所占空间的利用程度。林分密度指数是常用的一种表示林分密度的方法。Reineke研究表明，林分密度指数是每单位面积株数的对数和胸径对数的线性关系值，这表示和树木大小有一定的关系；Chisman和Schumacher应用了同样的方法，但是把变量替换为树木所占面积的比例，完满立木度所占的面积比例被认为是胸径的二次函数；Beekhuis用树木间的平均距离和树木的优势高来表示林分密度；Garcia和West等应用树冠来代表林分密度；Mac Kinney研究的受密度影响的收获表称作可变密度收获表，其并利用最小二乘回归估计收获曲线的参数，进而对可变密度进行图解法技术的研究；Lewis应用图解法技术编制了新西兰地区辐射松可变密度收获表；Amidon和Akin认为密度是构成动态规划模型的条件，并提出了使用动态规划方法解决密度控制问题，把动态规划方法和边际分析方法与之比较，发现这一方法更为适用；Brodie等建立了解决疏伐问题的二维和三维状态模型；Chen M.C.

等推导出一个离散阶段连续状态的求解最适保留断面积的动态规划模型；Matin 和 Ek 将林木个体生长模型与动态规划方法相结合，得出美国赤松的疏伐和主伐的最优策略；Kao C.建立了解决密度问题的概率动态规划模型，这一模型可以在不同风险系数下求出最优密度。

国内许多学者对林分密度进行了大量研究。曹福亮就林分密度对南方型杨树材性的影响进行了研究，结果表明：林分密度增加，其抗弯强度和弹性模量增大，而林分密度对木材的抗压强度影响不明显；李凤日提出，在林分生长发育过程中，由于树冠形状及林隙发生动态变化，不满足 3/2 乘则，建议采用同一林分的林木大小及林木株数之间的动态变化规律，重新建立林分密度理论；林星华对巨尾桉二代萌芽更新保留不同萌芽条数，即不同密度的林分生长、生物量及林分结构进行了研究；童书振等进行了造林密度试验，优势高、平均高、平均胸径均随年龄的增加而递增，随密度的增加而递减，间伐后的林分与未间伐的但密度基本相同的林分比较，其优势高、平均高差异不明显，这体现了造林密度间伐试验与造林密度试验的不同之处；齐晓明采用 Richards 函数的修正式拟合林分胸高断面积的生长方程，考虑林分密度对断面积生长的影响，用每公顷胸高断面积和每公顷株数做状态变量，用森林纯收益做指标函数，建立了离散确定性动态规划模型，为各地位指数及不同年龄、不同初始状态的林分提供了确定最适经营密度的方法；陈存及等研究了福建毛竹最适宜区，立竹密度对毛竹林平均胸径、竹高、枝下高、单株杆重、重量蓄积以及新竹产量等所产生的影响的规律；乌吉斯古楞等在大青山区相近的立地条件下选择不同密度的林分，对 30 年生的油松人工林生长状况与林分密度的关系进行了研究，结果表明：30 年生油松人工林胸径随密度的增大逐渐减小，枝下高随密度的增大而递增，单株材积随密度的增加而减小，在密度增大到一定程度后其变化规律不明显，蓄积量有随密度的增加而增加的趋势，高径比随密度的增加而明显增大；蔡坚等以湿地松 7 年、8 年和 13 年生初植密度和 19 年生间伐强度试验林胸高形数、高径比和正形率系列为干形指标，研究了林分密度对湿地松林木干形的影响；张彩琴等采用变分法及最优控制理论就如何从空间和时间上合理安排与调控森林资源做了具体研究，得出了人工林的间伐强度和蓄积密度的最优控制策略及其连续变化的数学模型。总之，林分密度是影响森林生长的重要因子，特别是人工林，在立地条件一定的情况下，通过密度调整，在最短时间内可取得目的材种的最大收获量。

3.树木干形研究现状及其进展

目前，国内外主要采用削度方程来描述树干干形的变化，但任何一个削度方程都不可能精确地描述所有树种的树干形状的变化，也不会完全适应某一树种的所有林分。因此，为了适应各种情况，国内外提出了上百种不同形式的削度方程，在实际工作中，可以根据不同树种、林分状况和应用目的，选择使用这些削度方程。

按削度方程的发展阶段，可以大致分为三类：简单削度方程、分段削度方程和可变参数削度方程。从国内外发展趋势来看，削度方程的选择是从简单的削度方程到分段拟合再转向建立可变参数削度方程。在计算机技术高速发展的今天，可以选用拟合效果最好的可变参数削度方程来描述干形。

我国学者在利用削度方程编制材种出材率表方面做了大量的研究，对削度方程、材积比方程的筛选、确定、拟合、评价、理论造材、制表等方面提出了各自的理论、技术、方法和观点。

三、生物量研究

关于生物量的研究有二氧化碳平衡法、微气象法、直接收获法等。

二氧化碳（CO_2）平衡法：将森林生态系统的干、枝、叶和土壤等组分分别封闭在不同的气室内，根据 CO_2 浓度的变化计算各个组分的光合速率和呼吸速率，进而推算出整个生态系统中 CO_2 的流动量和平衡量。

微气象法：与风速、风向和温度等因子相结合，通过测定地表到林冠上层 CO_2 浓度的垂直梯度变化来估算生态系统 CO_2 的输出量和输入量。

直接收获法：是普遍采用的研究方法，也是对陆地群落和森林最切实可行的方法，其中讨论最多的是取样方法和相对生长方程的建立。具体方法有样地面积法和平均木法、生物量转换因子法、生物量转换因子连续函数法和遥感技术法。

1.样地面积法和平均木法

样地面积法：在立地条件较好的地段设置标准地，样地上所有乔木、灌木、草本层皆伐，测定生物量，得到样地总生物量，从而推算出研究区域的总生物量。通过植被各组分的含碳率，最终得到整个林区森林植被的碳储量。

平均木法：在林分标准地中选择标准木，实测树高、胸径、平均生物量，推算出标准地中的林分生物量，从而得到整个林分的总生物量。具体有两种方法。一是测量标准地中林木的胸径和树高，求得平均值，选出标准木，测量标准木的各组分生物量（树干、树枝、树叶、树皮、根），然后乘以植被各组分的含碳率和标准地株数得到样地的碳储量。二是认为生物体各组分之间或总生物量与各组分之间存在相关关系，该法渐渐成为森林生态系统生物量研究中最广泛应用的方法，该方法是在植株伐倒后,对其各组分生物量与胸径、树高等进行测量，得到林分生物量，常见的关系式有：$\ln W=\ln a+b\ln(D^2H)$；$\ln W=\ln a+b\ln D$；$\ln W=\ln a+b\ln(D^2H)+c(D^2H)$；$\ln W=\ln a+b\ln D+cD$；$\ln W=\ln a+b\ln D+c\ln H$；$\lg W=a+b\lg D+cA+d\lg(A\cdot D)$；近年来还建立了与材积有关的生物量模型，例如，$W=aHb(C_{cw}^2L)cV$，式中 W 为各器官的生物量；a、b、c、d 为参数；C_{cw}、L、D、H、V、A 分别为冠幅、冠长、胸径、树高、材积和树龄；Bond 运用维量分析法对加拿大中南部地区的森林进行了生物量测定，得到了很好的回归方程；程云霄等对我国兴安落叶松林的生物量进行估测，得到了不同林型生物量的经验方程，其相关系数均在 0.9 以上；陈遐林等在对太岳山灌木林生物量的测算中，得出生物量与其地径的平方乘高有着极为显著的相关关系；李武斌等对长江上游大沟流域的油松人工林进行了调查，得到的生物量回归方程拟合效果很好，并分析了乔木密度、坡向、海拔对生物量的影响。

这两种方法只能对较小区域内的林分估测生物量和碳储量，不适用于大范围下碳的测定，而且它们只是静态地测算林分生物量，不具动态性，不能将年际间的气候变化和大气中 CO_2 浓度的增加等各自对净碳蓄积量的影响区分开来。

2. 生物量转换因子法

该法是由 Brown 和 Lugo 提出的基于森林植被材积的生物量估测方法，是利用该森林类型的总蓄积量乘以林分生物量与木材材积比值的平均值，得到森林总生物量的方法。他们利用该方法估算了全球森林的地上生物量，并指出热带森林郁闭和非郁闭林分的平均地上生物量分别为 150 mg/hm² 和 50 mg/hm²，不同树种在不同的生长条件下，树干的生物量占总生物量的比例有较大差别，所以在测定生物量时，要考虑树木的枝、叶、根等组分的生物量，同时还发现树干生物量和其他各组分生物量与林分蓄积量有着良好的相关性，所以在研究森林生物量时可以用林木蓄积量来推算。

许多研究结果表明，对于某一特定的森林类型，生物量转换因子是立木生物量和蓄积量的集中表现，与树木年龄、种类组成和其他生物学特性等密切相关。李意德等对海南岛热带山地雨林林分生物量研究的结果表明，生物量转换因子法较皆伐法估算的生物量高出 20%~40%，而皆伐法与基于实测资料建立的生物量回归模型的估算结果非常接近，误差在 10% 以内。但 Brown 等认为把生物量与蓄积量的比值看作一个常数是不恰当的，因为蓄积是受多个因子影响的，如林木年龄、立地条件、气候条件、林分密度等。

3. 生物量转换因子连续函数法

为了克服生物量转换因子法中把生物量与蓄积量的比值作为常数的不足，提出了生物量转换因子连续函数法，使之能够更加准确地估算区域或国家的森林生物量。Brown 和 Schroeder 建立了生物量与蓄积量的比值（biomass expansion factor，BEF）和林分材积（V）的关系：$BEF = aV^{-b}$，其中 a、b 均为大于 0 的常数，但在把实测资料建立的 BEF 值与材积之间的这种关系推广到大尺度的森林资源清查资料时，存在比较严重的数学推理问题，很难实现由样地调查到区域推算的转换；方精云等收集了 758 组生物量与蓄积量的数据，利用现有资料对一部分缺少的数据（地下生物量、蓄积量）进行补缺，对我国不同森林类型的生物量（B）与蓄积量（V）进行分析，推算出不同森林类型的生物量-蓄积关系式：$B = a + bV$（a、b 为参数），实现了从样地调查向大尺度区域推测的转换，根据这种方法得出了我国森林生态系统的总生物量为 9.1 Pg，占植被系统总生物量的 69.5%，还得到了我国森林碳储量为 4.45 Pg。但由于当时资料所限，桦树、栎类、杨树等树种的样本数较少，降低了生物量与蓄积量模型的拟合精度，同时，有人对这种简单的线性关系模型能否正确地表达各树种的 B、V 关系持怀疑态度。王玉辉等收集了全国 34 组落叶松的实测数据，得到生物量与蓄积量的拟合模型 $B=V/(0.939\,9+0.002\,6V)$，$R^2=0.943$，但有关该模型用于研究森林生物量的报道较少，其适用范围还有待进一步验证。

4.遥感技术法

遥感图像的光谱信息具有良好的综合性，不同植被对太阳辐射的吸收、反射的电磁波不同，由此可以用来估测森林生物量，进而可以实现大尺度的监测。目前大量的遥感数据收集技术已经相当成熟，从卫星影像到航空照片等，Hame 把地面调查和 TM 数据相结合，成功估算了欧洲森林生物量；Lefsky 用雷达数据成功对美国落叶松的地上生物量进行了估算；郭志华等根据 TM 数据不同的波段信息及其线性与非线性组合，利用逐步回归方法分别建立了针叶林和阔叶林材积的估算模型，进而计算了粤西地区及附近森林的生物量和覆盖率；国庆喜通过遥感技术拟合了伊春地区的生物量，在对独立样地的估测中，应用人工神经网络模型估测的平均精度达到 90%；高志强用以遥感观测为基础的土地利用数据和高分辨率的气候数据建立了生态系统模型，估计了气候变化和土地利用对农牧过渡区、植被碳储量、土壤呼吸和碳储量以及净生态系统生产力的影响；魏安世等以广东省第六次森林资源连续清查样地数据为基础，利用 TM 数据及非线性组合的光谱信息，结合地学信息及林分数据资料，建立了森林植被碳储量估测的多元线性回归方程和神经网络模型，遥感技术的使用使森林生物量的高精度测算变为可能。

5.研究中存在的问题

国内外林学家对森林生态系统生物量和碳储量进行了较为细致的研究，也取得了预期的结果。在生物量和碳储量的估算上，不同的研究结果间存在一定的差异，主要体现为碳储量研究的不确定性。无论在全球尺度上还是国家尺度上，不同的学者在不同的时间由于采用的方法不同，得到的结果相差较大，例如全球植被碳储量的估计结果，Woodwell、Watson 和 WBGU Special

Report 估计的结果分别是 827 Pg、550 Pg 和 466 Pg，最大值与最小值相差近一倍。我国的森林植被碳储量的估测结果也有多种，赵士洞估测为 5.41 Pg，方精云等估测为 4.75 Pg，王效科等估测为 3.26~3.73 Pg，刘国华等估测为 4.20 Pg，国内学者都是以国家森林资源清查数据为基础进行估测的，结果相差不大。如何在国家尺度上解决碳储量的准确性问题是值得我们思考的。在利用国家森林资源清查数据时，只对森林某一直径的活立木生物量进行了估测，而直径较小的林木、凋落物、枯死木、林下灌木、草本植物没有考虑在内。清查时，达不到起测径阶的林木，被认为没有蓄积量。所以利用国家森林资源清查数据作为依据来估测森林植被生物量与碳储量时，没有考虑这部分生物量，而幼龄阔叶林直径小于 10 cm 的林木占整个森林生物量的 70%，尽管有一些关于死木与倒木生物量的研究，但在区域和尺度上范围较小、报道较少，对采伐迹地上残留物生物量的研究也比较少。

6.研究的发展趋势

近年来，国内外对许多树种的生物量都进行了研究，研究范围逐渐扩大，在个体、种群、群落、生态系统、区域、生物圈等多尺度上开展了森林生物量和碳储量的研究，研究方法越来越先进，微观上采用光合测定仪器、宏观上利用卫星遥感技术同时紧紧围绕气象、环境、资源这些与人类生存密切相关的重大问题，对生物量和碳储量进行估算。引起科学家们着重关注的研究内容还有由土地利用方式的变化引起的森林生态系统总生物量的变化。森林在减缓全球气候变暖，尤其是在保持 CO_2 平衡中起到了重要作用。估计森林生态系统吸收大气中 CO_2 的能力、森林生态系统结构和功能的整体性，估算潜在的生物量，研究森林生态系统的总有机物量和净生产量以及森林生态系统生产力模型具有重要意义。

四、凋落物研究

森林凋落物是指在生态系统中，由地上植物组分产生并归还到地面，作为分解者的物质和能量来源，借以维持生态系统功能的所有有机质的总称。森林凋落物是森林生态系统养分循环过程中的重要环节，是森林生态系统的重要组成部分，它不仅对涵养水源和水土保持具有重要意义，而且还对森林资源的保护和永续利用起着重大作用。

1.国外研究现状

国外对森林凋落物的研究有很多。德国学者 E. Bermayer 于 1876 年在其著作《森林凋落物产量及其化学组成》中最早阐述了森林凋落物在养分循环中的重要性；Muller 于 1887 年从森林土壤层次方面对凋落物腐殖质层进行了研究，阐述了在土壤发生过程中凋落物分解起到的重要作用。到 20 世纪 30 年代，对凋落叶分解的探讨深入到了机制问题，Tenney 在 1929 年研究了不同凋落物的性状和可分解性之间的关系，发现落叶分解过程中存在氮的绝对积累；Melin 在 1930 年使用了碳氮比来分析落叶的分解特征。20 世纪 60 年代左右是研究的高峰期，在研究的深度和广度上有了很大的延伸，考虑到落叶中水溶性有机物和营养物质与落叶分解之间的关系。国外许多学者报道了世界范围内凋落物的分解及养分释放。有不少学者通过分析影响凋落物量的因子，试图建立一个适用性较强的模型对凋落物量进行预估，同时全面展开了对各种生物类群在分解中作用的研究。Edwards 为了阻止土壤动物对凋落物分解的影响，用筛网保护落叶。瑞士在 1960 年开始了对凋落物改变林内小气候方面的研究。20 世纪 70 年代，开始大量出现关于凋落物分解对生态系统营养循环作用的研究，早期主要研究纯林或混交林凋落物的组成、数量及动态分布。近年来则主要探讨森林凋落物在养分循环中的作用，并对分布在不同气候带的天然林凋落物进行了较为深入的研究。凋落物的分解主要存在三种模式：淋溶—富集—释放、富集—释放和直接释放，但不是所有凋落物类型在分解过程中都存在三个阶段，而是根据树种及生态系统的养分固定和释放模式的不同而有所差异。Berg 在 2000 年提出针叶和木质凋落物可能不存在淋溶阶段。Xuluc-Tolosa 等在研究次生雨林各树种凋落物分解中发现，氮和磷浓度在分解过程中先减少后增加。Micks 等认为在土壤演替过程中，凋落物中阳离子淋溶、酸沉降及土壤有机质可造成土壤酸化，影响细菌等微生物的数量，进而影响凋落物的分解速度。

由于全球气候变化的加剧，学者们逐渐注意到大气中 CO_2 浓度上升和氮沉降对凋落物分解的影响。Cotrufo 等认为 CO_2 浓度上升能够显著增加植物产量，形成高碳氮比、高木质素氮比的凋落物，使分解速度减慢。还有学者认为森林凋落物和林木枯死细根的分解作用可以释放 CO_2 并给植物和微生物提供养分，这是森林生态系统自肥的重要机制。

2. 国内研究现状

我国从 20 世纪 60 年代开始研究森林的凋落物，80 年代左右发展迅速。为了探索森林生态系统的物质循环规律、森林与土壤之间的关系及森林的自肥能力等，有的林区和定位站开展了凋落物分解速率和化学成分的研究。王凤友在 1989 年对世界森林凋落物量做了综述性的研究，该研究引发了国内对森林凋落物的研究。凋落物的积累及其分解被认为是对植被结构和生态系统功能的一个非常重要的影响因素。近年来，森林凋落物的研究已经拓展到了地下部分，森林地下部分是组成森林凋落物的重要组成部分，其生物量和凋落量都非常大。我国关于气候变化对森林凋落物分解影响方面的工作基础还很薄弱，只有中国科学院华南植物研究所对氮沉降、南亚热带和热带交互分解方面开展了一些试验工作。樊后保等在 2007 年初步研究了模拟氮沉降对杉木人工林凋落物的影响；邓小文等在 2007 年探讨了模拟氮沉降对长白山红松凋落物早期分解的影响，但我国研究工作还未涉及大气中 CO_2 浓度上升对凋落物分解的影响。目前，我国研究的森林群落已经涉及火炬松林、栓皮栎林等。

3. 凋落物的分解进程

凋落物的分解是生态系统能量转换和物质循环的主要途径，通过凋落物分解把养分逐步归还给土壤，所以其分解过程和分解速率对森林土壤肥力均有重要影响。凋落物的主要生态意义在于分解作用，将死亡的有机体的营养元素归还给土壤，完成生态系统内营养元素的物质循环。土壤养分的主要来源是凋落物的分解，凋落物及其养分的归还量越大，对土壤肥力的影响越大。凋落物分解有两个主要阶段：早期阶段主要是可溶性养分元素的淋溶，后期阶段则是木质素起主导作用。在分解的早期，可溶性养分元素迅速下降，直到使浓度达到相对稳定，凋落物的总失重率与 N、P、K 的浓度有关，它们往往是早期失重阶段的主要因子，即可溶性物质的初始浓度决定了凋落物早期的失重率。分解后期，凋落物中木质素浓度相对升高，分解比较困难，导致剩余凋落物的分解速率下降，木质素掩盖了纤维素的作用。森林凋落物的分解是物理过程和生物化学过程相结合的，一般由淋溶、自然粉碎和代谢等作用共同完成，其中淋溶过程主要出现在处于湿润环境的新凋落物质量损失阶段，土壤动物将凋落物粉碎后，增加了凋落物分解的表面积，为微生物生长繁殖提供了大量的养分，而后凋落物碎屑在微生物（主要为真菌、细菌、放线菌）及各种酶系统的作用下降解。

国内研究凋落物的分解，主要是研究分解过程中凋落物的养分含量的测定及其动态，主要是养分元素的释放。普遍认为气候和物种特性决定凋落物分解，所以国外研究的主要方向集中在气候参数的影响和凋落物的结构与组分上，找出与分解速率密切相关的成分，从而对凋落物的分解能力和分解动态进行预测。降雨作为一种气候因子，可促进热带森林凋落物的分解。

凋落物在分解过程中并不一直释放养分，这与凋落物的类型和分解阶段密切相关，与养分本身的特性也有关。如果凋落物初始养分含量低，分解初期就常从环境中固定养分，在较长时间后才会释放，而初始养分含量高的凋落物在短时间内就会将养分释放。分解过程中，凋落物中的 K 主要以离子形态存在，比较容易转移，降雨淋溶或离子交换作用都可以使之流失，所以 K 一般在凋落物腐烂、分解、失重之前便开始大量流失，在模拟分解过程中，K 浓度持续下降。N、P 浓度一般会逐渐升高，这是由于 N 和 P 主要是通过有机物腐解矿化后再释放，所以迁移率较慢，其释放速率与凋落物失重速率相差不大，浓度也就相应出现了由升到降再到升的变化趋势。N 和 P 浓度在凋落物分解初期逐渐上升的结果与莫江明等在 1996 年的研究结论相似。N 和 P 的养分含量与残留叶量有负相关关系，由于落叶质量的损失速度快于 N 和 P 营养的释放速度，在分解过程中还可以固定环境中的 N 和 P。所以说，N 和 P 一般是经过积累—固定—释放几个阶段的。但金属元素却不表现这种特性，这是由于金属元素在凋落物内多以离子态存在，由于降雨的作用，经常会被淋溶掉。

凋落物的分解速度受植被的演替阶段的影响。普遍认为凋落物在营养状况良好的环境中降解速度要快于在营养状况较差的环境中，高 N 含量的凋落物分解快于低 N 含量的凋落物分解。

五、人工林土壤理化性质的研究

1.土壤物理性质的研究现状

人工林一般分布比较均匀而且密度较大，尤其是短周期工业人工用材林，林木在生长过程中，土体会因根系的生长受到挤压，从而改变自身的容重、孔隙度及紧实度等物理性质。营林生产活动也会造成土壤板结。土壤的容重可以反映出土壤透水性、透气性和根系的生长阻力状况。盛炜彤 1992 年在研究杉木根系生长与土壤容重的关系时发现，容重在 1.60~1.70 g/cm^3，是根系穿透的临界点，达到 1.50 g/cm^3，根系已难伸入，超过 1.30 g/cm^3 时，杉木生长较差，容重在 1.10~1.25 g/cm^3 时，林木生长一般，而在 1.10 g/cm^3 以下，最适合杉木生长。研究还表明，在土壤比较黏重的条件下，杉木根系发育与地上部分生长由土壤中大小孔隙的比例决定，而大孔隙占土壤容积的 20%以上最适合杉木生长，在 15%~20%之间的生长一般，低于 15%时则严重阻碍生长。

一些研究结果表明，人工纯林对林下土壤的物理性质会造成不良影响，如土壤容重增加，孔隙比例失调，孔隙度下降，排水性能降低等。杨玉盛等的研究结果表明，70 年生杉木林下土体较前茬杂木林紧实。杉木人工林与立地条件一致的亚热带天然阔叶林相比，土壤容重增大，总孔隙度和最大持水量降低，细微颗粒百分含量增加。陈爱玲等在 2001 年研究天然更新和人工促进天然更新米槠林、杉木幼林和杉木中龄林等林地土壤的状况时发现，人工促进更新米槠林、杉木幼林和杉木中龄林林地的土壤总孔隙度、非毛管孔隙度、自然含水率和通气度与天然更新米槠林相比均有所下降，土壤的容重增大，结构性变差，渗透性和透气性下降，土壤持水能力减弱。由于人工林的树种、经营方式和栽植地区的差异，研究者得出不同的结论，崔国发 1996 年在研究暗棕壤和白浆土时发现，与天然阔叶林土壤相比，落叶松人工林具有良好的土壤结构和通气、透水性，容重指标没有增加，第二代林的容重比第一代林也只是略有增加。

2.土壤化学性质的研究现状

目前人工林的经营集约程度较高，为了使林分达到速生、丰产，应充分利用地上空间和土壤营养物质资源。林木在生长过程中会消耗大量的养分，由于人工林树种单一，林木具有相同的吸收特性，需要的营养元素结构相同，土壤库中相应的营养元素则会被大量吸收，这部分养分在采伐时会被带出生态系统，造成人工林土壤库养分的减少，这可以通过测定土壤中化学成分的变化体现出来。

杉木人工林从幼龄林至中龄林，土壤中有机质、速效 N、速效 P、速效 K 的含量呈下降趋势；中龄林至成熟林，土壤中有机质、速效 K 的含量呈上升趋势，速效 N、速效 P 含量变化无明显规律性。湿地松林生长过程中，在土层厚度 0~20 cm 的土壤中，有机质、速效 N、速效 K 含量逐渐增多，但有效 P 含量很低，因此及时增施 P 肥可起到促进湿地松林生长的作用。

盛炜彤等认为，杉木人工林连栽不同栽植代数后的土壤中，速效 N 和速效 P 的含量下降特别明显，微量元素中的 Cu 和 Zn 在第二代和第三代人工土壤中有下降趋势。第二代人工林土壤中的有机质含量也呈下降趋势，第二代和第三代人工林土壤中的胡敏酸含量及土壤腐殖化程度均较第一代低。但翁贤权等在 2001 年对 29 年生第一代杉木人工林下的土壤肥力状况进行了研究，结果表明，第一代杉木人工林土壤速效 K 供应充足、速效 N 供给中等，只有速效 P 相对缺乏，与常绿阔叶林相比土壤肥力下降不大，说明土壤养分含量与杉木生长之间的关系是非常复杂的，而不仅仅是呈简单的正相关性。由此，目前人工林对林下土壤化学性质影响的研究结果还存在一定差异。

前面的综述表明，关于落叶松人工林经营和发展的研究报道比较多，也比较系统，本文在落叶松人工林研究的基础上，对不同造林密度的杂种落叶松人工林进行深入的探讨与研究。目前，杂种落叶松正处于大力推广阶段，人工林面积较小且均为幼龄林，如何科学地经营好这些森林是一个重大的理论与实践问题。随着林木生长与立地、营林措施相关资料的日益丰富和精确，经济分析方法的提高，现代工业用材林的培育已向模式化方向发展，使各项栽培技术措施达到系统最优、产量最高、效益最佳。杂种落叶松是一个新的树种，其栽培模式正在初步的探讨中，本书利用模型和模拟技术对不同造林密度的杂种落叶松林的林分结构、生长规律、生物量、凋落量及其分解、林地土壤理化性质及微生物数量等方面进行了研究，对杂种落叶松的优化栽培模式进行了有效补充。

六、落叶松种质资源保存技术研究进展

林木种质资源是林木遗传多样性资源和选育新品种的基础材料，包括森林植物的栽培种、野生种的繁殖材料以及利用上述繁殖材料人工创造的遗传材料。新品种要达到"高产、优质、稳定、高效"的要求，就要把林木种质保存工作做好、做细，夯实基础。良种的可持续培育和种质资源的有效保存直接关系到人工林产量持续提高与抗逆性品种的发展，两者的高速发展将为林业的可持续发展提供有效的保障。种质保存从大的方面可以分为原地保存和异地保存两种方式。

原地保存是指在自然生态环境下就地保存，自我繁殖，如各种自然保护区和天然公园。异地保存是指将植物的种子或植物体保存于该植物原产地以外的地方，可保存丰富多样的种质资源。也可利用活体保存，繁殖更新引入的植物资源，如各种植物园、种质圃、种子库及试管苗保存、超低温保存等。

传统的保存技术主要是以种植园和种子库保存种质。利用这两种方法对种质进行保存有其方便的一面，如种植园保存适用于无性繁殖的园艺植物，可长期采用无性系在不同地区、不同生态条件下建立各种类型的种质资源圃；种子库保存适用于用种子繁殖的植物，用干燥的种子建立种子库，具有占用空间小、方便简单、可保存多年的优点。但另一方面，这两种传统的保存方法又有着很多弊端：利用种子库保存种质，种子的生活力会随贮存期的延长而逐渐丧失；无性繁殖的植物的种子难以保存；不能保持母本的优良种性。利用种植法保存种质，要占用大量的土地，耗费巨大的人力、物力进行长期栽培保存。另外，这两种方法都容易受到自然条件的影响，如自然灾害、病虫害等，并且也不利于种质资源的交流和交换。

　　杂交是植物进化最为重要的驱动力，不仅能为植物抵抗不良环境、占领新生境提供遗传基础，而且更为重要的是，自然杂交是新物种形成的一个途径。

　　广义的"杂交"（hybrid）是指凡基因型不同的个体之间的交配；而进化角度的"杂交"是指生态适应上悬殊很大的居群间个体的交配（Stebbins，1959，1971；洪德元，1990），杂种的亲本可以是同种的不同生态型或生态宗，它们也可能属于亲缘关系很近的种，属于差异悬殊的种，甚至属于不同的属。

　　杂交事件在整个有花植物中是普遍存在的，大约 70%的被子植物都经历过杂交和多倍化（Raven，1976；Wendel et al.，1995）。英国植物区系中杂种的研究结果表明，在一个约有 2 200 个种的区系中已知至少有 700 个是种间杂交组合（Stace，1980）。属间甚至科间也可以杂交。在松属（*Pinus* L.）、刺柏属（*Juniperus* L.）、杨属（*Populus* L.）、柳属（*Salix* L.）和栎属（*Quercus* L.）这样的乔木类群中，杂交更为普遍。美国的所谓"波缘栎"（*Q.undulata*）实际上是冈字栎（*Q.gambelii*）同其他 6 个种的杂交复合体。这个属的种不管是常绿的还是落叶的，几乎彼此都能杂交（Tucker，1961）。Smith 等（1996）在对夏威夷群岛苦苣苔科（Gesneriaceae）浆果苣苔属（*Cyrtandra*）的研究中发现了 70 多个种间杂交种。

　　关于自然杂交在进化中的作用已经争论了一个多世纪。杂交曾被认为是一种"进化噪音"，是短暂的、瞬时的、最初的局部现象，且由于杂交种通常不适应亲本生长环境，因此其被认为对物种进化没有任何意义（Mayr，1963，1992；Wagner，1970）。近年来，随着各种方便快捷的分子标记技术的产生和应用，人们对自然杂交和杂交制种的研究有了飞速的发展，并迅速成为进化生物学家和生态学家关注的热点。通过对莺尾属（*Iris* L.）（Anderson，1949）、杜鹃花属（*Rhododendron*）（Milne et al.，2003）和高山松（*Pinus densata*）（Wang et al.，2001）等一大批杂交实例的研究，人们对杂交的作用重新做了定位，认为自然杂交是一种有力的进化力量。杂交可以引起杂交崩解（hybrid breakdown），产生一大批不良的后代；当种间合子前的隔离较弱或两种群近期才相遇时，杂交可能导致物种在 5 代之内灭绝，是威胁物种存在的最快途径之一（Wolf et al.，2001；Rieseberg，2006）。然而，近年来的研究发现，由于基因的重组与分化，有些杂交种反而更能适应亲本的生长环境，杂交后代一旦能育，则将分离出大量变异类型，或由于不同座位间基因新出现的种种相互作用，产生亲种基因库所不具有的性状，选择就可以在这些新的性状基础上发生作用（Arnold & Hodges，1995；郑乐怡，1987）。总之，杂交具有可引起遗传基因重组、丰富物种的基因库、增加种内遗传多样性、产生和传递遗传适应、形成新的生态型或物种以及加强或打破生殖隔离和构建新的进化路线等重要的进化意义（Anderson，1949；Arnold，1992，1997；Rieseberg，1997；Burle et al.，1998；Johnston，2004）。人们对杂交种的原地保存的重要性及在濒临灭绝植物中地位的认识逐渐加深（Rieseberg，1991；Levin et al.，1996；Rhymer and Simberloff，1996；Carney et al.，2000；Wolf et al.，2001），但是很少讨论异地保护杂种的重要意义。

本章主要研究人工控制授粉下的杂种落叶松在授粉地的异地保存技术，为杂种落叶松资源保存提供理论依据。

七、落叶松体细胞胚研究现状

落叶松有 10 个种、许多变种及杂交种，国内学者认为一共约有 18 种，我国有 10 个种、1 个变种。由于落叶松可以作为多种工业用材林且分布很广，并以早期速生而著称，故成为北半球温带山区与寒温带气候条件下重要的针叶速生用材树种。落叶松落叶的习性，使其可以度过寒冷而干燥的冬季，而在适宜的环境中，它与其他落叶树种固定碳的效率一样高。一般认为杂交种生长最快，但在一些研究中，杂交优势还缺乏一定的证据。因此，落叶松的遗传改良与无性繁殖受到各国林业决策部门的重视以及林木育种工作者和森林经营者的特别关注。

近年来，落叶松的组织培养技术进展缓慢，但体细胞胚发生技术却取得了较好的进展，目前，已在欧洲落叶松（*L. decidua*）、日欧杂种落叶松（*L. × eurolepis*）、欧日杂种落叶松（*L. × leptoeuropaea*）、美洲落叶松（*L. laricina*）、西方落叶松（*L. occidentalis*）、日本落叶松（*L. kaempferi*）、华北落叶松（*L. principisrupprechtii*）中获得体胚，并对体细胞胚发生的各个阶段的影响因素、形态特征等方面进行了研究；同时对体细胞胚发生的细胞起源和发育调控进行了研究，不仅有利于阐明植物有性胚与无性胚的发生机制，还是大规模克隆繁殖的有效方法。因此，利用一个稳定、高效的器官发生或体细胞胚发生实验系统和实用性的基因及转移技术进行林木遗传改良，培育林木基因工程新品种，将会解决许多用经典遗传育种方法很难解决或解决不了的问题，并为提高林木抗逆能力、改进品质，进行速生、丰产、抗性育种提供一条全新途径。

（一）落叶松体细胞胚发生的研究现状

Aderkas（1987）等最早用欧洲落叶松的雌配子体为外植体在 1/2LM 和 MSG 基本培养基上诱导体细胞胚发生，但未见有植株再生的报道。Klimaszewska 取杂种落叶松子叶期前（precotyledonary）的未成熟合子胚，在含有 2 mg/L 2,4-D 与 0.5 mg/L BA 的培养基上诱导胚性愈伤组织的频率为 3%~25%，研究愈伤组织的染色体表明细胞系是二倍体，说明不是由胚乳发育而来的；用 MSG 培养基可长期保存含早期原胚的胚性愈伤组织；在 1 mg/L ABA 和 0.2 mg/L KT 的 MSG 培养基上培养 3 周后，转到无激素培养基上，获得了大量成熟的体细胞胚，并产生了小植株。Lelu 等（1994）用欧日杂种落叶松（*L. × leptoeuropaea*）全同胞未成熟合子胚诱导体细胞胚发生，研究发现，一定浓度的 ABA 可以提高体细胞胚成熟的质量，而诱导体细胞胚数量受胚性细胞系、蔗糖浓度和 ABA 浓度的影响，并且这些因子间存在着显著的交互作用。其成熟的合子胚诱导也是成功的，胚状体分化频率为 83%；而用其体细胞胚小植株子叶和针叶诱导体细胞胚发生，诱导频率分别为 8% 和 3%，用细胞分裂素预处理外植体可提高诱导频率。此外，Thompson 等利用西方落叶松（*L. occidentalis* Nutt）未成熟胚为外植体，在添加 2,4-D，BA 的培养基上诱导，21%～93% 的外植体产生愈伤组织，但只有 3% 建立了胚性细胞系；用早期的子叶胚转接于 ABA 培养基上进行诱导，体细胞胚成熟效果最好，而后转接于无激素的培养基上，发育成完整植株，小植株移栽于泥炭土中即可成活。目前，我国只有华北落叶松和日本落叶松体细胞胚发生的报道，齐力旺等运用 311-A 最优回归设计法，以华北落叶松的未成熟胚为外植体，在 S 培养基上诱导胚性愈伤组织，而在 S+B（硼酸增加为原来的 2 倍）培养基上进行增殖培养，成功地诱导出胚性愈伤组织及体细胞胚，诱导率最高可达 18.8%，发育成完整的植株；其中附加的 ABA、PEG4000、AgNO$_3$ 都可以影响华北落叶松体细胞胚发生的质量和数量。吕守芳等人对日本落叶松体细胞胚发生的外植体、基因型及采种时间进行了试验，结果表明，未成熟合子胚的诱导率最高，并获得了完整的植株。但是，这些落叶松的体细胞胚的诱导率都较低，且胚性愈伤组织和成熟胚的诱导试验的重复性较差，以至于至今仍没有利用体细胞胚进行下一步研究。

（二）落叶松体细胞胚发生的过程

在被子植物中，体细胞胚与合子胚的发育过程相似，而包括落叶松在内的裸子植物中，体细胞胚和合子胚发生过程有哪些不同还不是很清楚。大量研究表明，裸子植物体细胞胚发生与合子胚有许多不同，胚胎学家 Singh 认为，松杉类植物胚胎发育过程包括原胚团时期、胚胎形成早期和胚胎形成晚期 3 个阶段。其中第一个阶段为原胚，其胚柄未伸长；第二个阶段胚柄伸长但根未发育；第三个阶段胚根和胚轴长出，并进一步发展直到成熟。落叶松的体细胞胚发生属于间接体细胞胚胎发生途径，主要分为胚性培养物（胚性愈伤组织）的诱导、继代与增殖、体细胞胚成熟与萌发几个阶段。

1.胚性培养物的诱导阶段

将外植体接种于半固体培养基上进行诱导，基本培养基多用 LM、DCR、MSG 等，而我国的华北落叶松和日本落叶松均用 S 培养基。这些基本培养基中只是大量元素氮的含量有差别，其中基本培养基 MSG 的含氮量最高、DCR 最少，而 S 培养基中 NH$_4^+$ 和 Ca^{2+} 的含量都远远高于 DCR 培养基。同时细胞分裂素和生长素（2，4-D）对体胚的诱导都是必需的，较低的蔗糖和琼脂浓度以及暗培养有利于体胚的形成。幼胚或成熟胚的胚柄、胚的基部及胚轴和子叶产生大量的愈伤组织，但只有少数能形成胚性培养物。早期的体细胞胚结构为胚性胚柄细胞团（embryogenic suspensor mass，ESM），有一个很小的胚头（embryonal head）和长形薄壁的胚柄系统，头部经常少于 10 个细胞。多数落叶松体细胞胚诱导成功都是通过幼胚，而 Lelu 等也曾用欧日杂种落叶松体胚苗的子叶和针叶成功地诱导出体细胞胚，但未见进一步发育。

2.继代与增殖阶段

继代培养基可用固体或液体培养基。Jain 等认为，每 2～3 周继代一次是十分必要的，如果不及时继代就会导致培养物胚性的丧失，而且这种丧失是不可逆转的。胚性愈伤组织产生至胚柄细胞伸长以前的时期，通常在诱导阶段形成；在继代增殖阶段，培养物中可形成一系列大小不等的胚性细胞团，是由分开的多胚不规则生长分裂形成的。大的胚性细胞团是圆形的，具有明显的光滑表皮，小的则非常不规则，只有保持适宜的培养条件，胚性细胞团才能不断地无序分裂，细胞系才能得以正常继代增殖，例如西方落叶松在每次继代培养中都出现具有光滑表皮的胚性细胞团。在一些落叶松培养中还会经常产生红色素，而这种产生红色素的胚性培养物可以产生成熟的体细胞胚。在此阶段，必须及时将胚性愈伤组织从大量的非胚性愈伤组织中挑选出来进行培养，否则非胚性愈伤组织的代谢物质将会影响胚性愈伤组织的进一步发育。继代培养基的激素浓度也必须比诱导培养基大幅度降低，这样有利于保持胚性愈伤组织的胚性。一些细胞系在长期培养过程中会失去体胚发生能力，而有体胚发生能力的培养物是光滑的，一些表面出现透明、晶亮绳索状生长物的培养物不能进行进一步的发育，这与本书的研究结果较一致。

3.体细胞胚成熟与萌发阶段

落叶松的胚性培养物经过继代与增殖，可以在不同条件下形成成熟的体细胞胚。一些欧日杂种落叶松的胚性培养物在无生长调节剂的培养基上能不断形成体细胞胚，继而萌发成小植株；大多数胚性培养物在成熟时需添加 ABA，否则不能发育成体细胞胚。同时可以添加己糖、糖醇或中性聚合体，以提高培养基的渗透压，从而提高 ABA 的诱导效果并促进体细胞胚的成熟。在华北落叶松的体细胞胚研究中，用麦芽糖代替蔗糖可以使体细胞胚的成熟频率大大提高，并使体细胞胚的发生时间提前 1 周；再添加一定浓度的硝酸银能提高体细胞胚发生的数量和质量。落叶松成熟体细胞胚的外形差异很大，目前还没有标准的正常体细胞胚的外形。成熟体细胞胚与合子胚相似的地方在于都有 1 条根、1 个胚轴和几片子叶，合子胚有 5~6 片子叶，而体细胞胚的子叶数变化不定，体细胞胚的胚轴一般比合子胚的长，有报道称这些差异主要取决于细胞系及 ABA 的处理。在体细胞胚发生体系中，萌发成苗难或成苗率低是一个普遍问题，萌发成苗已成为体细胞胚应用的"瓶颈"。一些研究认为，降低培养基中糖和活性炭的浓度，不加任何植物生长调节物质，可能会提高成熟胚的萌发率。

（三）研究的目的和意义

落叶松是我国主要的用材树种之一，其分布范围广、易于栽培，是东北、华北、西北的主要造林树种。经过良种选育具有优良性状的杂种落叶松，在生长量、抗性、材质等方面与纯种相比都具有更大的优势。

以日本落叶松（*L. kaempferi*）、兴安落叶松（*L. gmelini*）、长白落叶松（*L. olgensis*）为研究对象，建立第一批杂种落叶松试验林，成功获得了速生、丰产、抗寒、抗鼠害、抗早期落叶病的优良新品系。落叶松杂交种在生长势、生活力、繁殖力、适应性、抗逆性，以及木材的材性等方面都远远超过其双亲，表现出极显著的杂种优势。落叶松杂种高生长的家系遗传力为 0.9，材积生长的家系遗传力在 0.87~0.97，通过选用优良组合获得 21%~25% 的遗传增益，提高木材产量 15%~25%。但是杂种落叶松球果出种率低，种子产量不稳定，种子繁殖产生的遗传差异大，无性繁殖困难，遗传操作难度大，育种周期长，传统育种技术远远不能满足现代遗传改良的要求，致使林木繁育困难、分化严重、林分生产力下降。为此，利用体细胞胚发生（简称"体胚发生"）技术和组织学研究，建立稳定、高效的杂种落叶松胚性细胞系，为建立和进一步完善体胚发生体系、人工种子的制备奠定基础，为加速杂种落叶松的繁殖、改进育种措施和进一步开发利用提供试验依据。

第二节　杂种落叶松新品种选育技术研究

一、杂种落叶松优良家系的选择

（一）试验点概况

黑龙江省林业科学院江山娇实验林场地处牡丹江市所辖宁安市境内，地理坐标为东经 128° 53′ 16″ ~129° 12′ 43″，北纬 43° 44′ 54″ ~43° 54′ 12″，海拔在 356~890 m，平均海拔 400 m，极端低温出现在 1 月，最高气温在 7 月，年降水量在 450~550 mm，全年无霜期在 116~125 d，属亚寒带大陆性气候。造林地为落叶松采伐迹地，土壤为暗棕壤，平均坡度为 12°。

（二）材料和方法

本研究选用了 2 个落叶松树种：兴安落叶松和日本落叶松。兴安落叶松是从小兴安岭东汤选择的优树，日本落叶松是从日伪时期栽种的人工林中选出的优树。兴安落叶松和日本落叶松在当时已建成种子园并已开花。

子代测定林为 1976~1986 年间采用开放式控制授粉所获的各批杂种种子。1980 年播种育苗，1983 年苗木从青山运往黑龙江省林业科学院江山娇实验林场，按随机区组设计定植，单行单株小区，30 次重复，株行距为 4 m×4 m。参试家系分别是杂种落叶松兴 7× 和 4、兴 6× 和 160、日 5× 兴 12、日 3× 兴 9、兴 9× 和 160、日 3× 兴 8、日 5× 兴 2、日 3× 兴 12 以及对照组等 9 个家系。2010 年秋对黑龙江省林业科学院江山娇实验林场杂种子代测定林进行苗木调查，测定树高、胸径。主要应用 SPSS18.0 软件进行常规数据方差分析。立木材积按照平均实验形数法计算，公式为：$V = (h+3)g_{1.3}f_a$，落叶松平均实验形数 f_a 为 0.41，故 $V = \dfrac{0.32(h+3)d^2}{10\,000}$，式中 h 为树高，d 为胸径。

（三）结果与分析

1.杂种落叶松种子园家系子代生长性状的差异

从 27 年生杂种落叶松子代测定林家系子代的树高、胸径和材积 3 个性状的方差分析结果（表 1-1）可知，各个性状家系间均存在极显著差异，表明杂种落叶松进行杂交制种时材料虽经过选择，但家系间差异仍然较大，这也为优良家系选择提供了可能。

表 1-1　27 年生杂种落叶松树高、胸径和材积各性状方差分析结果

性状	平方和	自由度	均方和	F 值	P 值
胸径	452.846	8	56.606	3.278	0.001
树高	124.528	8	15.566	6.872	0.000
材积	1.076	8	0.134	3.775	0.000

2.杂种落叶松种子园优良家系初选

对照数据表 1-2、表 1-3 和表 1-4 的多重比较结果表明，27 年生杂种落叶松子代测定林树高、胸径、材积平均大于试验对照组 12.15%、11.64%、34.83%，最优家系兴 9×和 160 树高、胸径、材积平均大于对照组分别为 15.99%、17.93%、55.02%。树高显著大于对照组的有兴 9×和160（19.34 m）、日 3×兴 8（19.16 m）、日 5×兴 12（18.85 m）、日 3×兴 12（18.63 m）、日 3×兴 9（18.60 m）、日 5×兴 2（18.54 m）、兴 6×和 160（18.36 m）、兴 7×和 4（18.11 m）共 8 个家系，它们分别大于试验对照组（16.67 m）15.99%、14.90%、13.06%、11.74%、11.58%、11.21%、10.13%、8.63%。胸径显著大于对照组的有兴 9×和 160（29.78 cm）、日 3×兴 8（29.07 cm）、日 5×兴 2（28.77 cm）、日 3×兴 9（28.61 cm）、日 3×兴 12（28.01 cm）、日 5×兴 12（27.95 cm）、兴 7×和 4（27.47 cm）共 7 个家系，它们分别大于试验对照组（25.25 cm）17.93%、15.11%、13.92%、13.30%、10.90%、10.69%、8.79%。材积显著大于对照组的有兴 9×和 160（0.66 m³）、日 3×兴 8（0.63 m³）、日 5×兴 2（0.59 m³）、日 3×兴 9（0.58 m³）、日 3×兴 12（0.56 m³）、日 5×兴 12（0.56 m³）、兴 7×和 4（0.54 m³）、兴 6×和 160（0.47 m³）共 8 个家系，它们分别大于试验对照组（0.43 m³）55.02%、47.68%、37.76%、36.25%、32.16%、32.09%、25.99%、11.71%。综合树高、胸径、材积生长表现，选出兴 9×和 160、日 3×兴 8、日 5×兴 2、日 3×兴 9、日 3×兴 12、日 5×兴 12、兴 7×和 4 共 7 个速生丰产的优良家系。

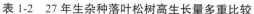

表 1-2　27 年生杂种落叶松树高生长量多重比较

家系	株数	子集/m	
		1	2
对照组	26	16.673 1	
兴7×和4	26		18.111 5
兴6×和160	26		18.361 5
日5×兴2	26		18.542 3
日3×兴9	26		18.603 8
日3×兴12	26		18.630 8
日5×兴12	26		18.850 0
日3×兴8	26		19.157 7
兴9×和160	26		19.338 5
Sig.		1.000	0.070

表 1-3　27 年生杂种落叶松胸径生长量多重比较

家系	株数	子集/cm		
		1	2	3
对照组	26	25.253 8		
兴6×和160	26	25.884 6	25.884 6	
兴7×和4	26	27.473 1	27.473 1	27.473 1
日5×兴12	26	27.953 8	27.953 8	27.953 8
日3×兴12	26	28.007 7	28.007 7	28.007 7
日3×兴9	26		28.611 5	28.611 5
日5×兴2	26		28.769 2	28.769 2
日3×兴8	26		29.069 2	29.069 2
兴9×和160	26			29.780 8
Sig.		0.122	0.088	0.416

表 1-4　27 年生杂种落叶松材积生长量多重比较

家系	株数	子集/m³		
		1	2	3
对照组	26	0.425 1		
兴6×和160	26	0.474 9	0.474 9	
兴7×和4	26	0.535 6	0.535 6	0.535 6
日5×兴12	26	0.561 5	0.561 5	0.561 5
日3×兴12	26	0.561 8	0.561 8	0.561 8
日3×兴9	26		0.579 2	0.579 2
日5×兴2	26		0.585 6	0.585 6
日3×兴8	26		0.627 8	0.627 8
兴9×和160	26			0.659 0
Sig.		0.071	0.058	0.222

3.正反交生长量分析

按照不同组家系分别进行统计分析，结果表明，日×兴、兴×日这两组杂交种胸径生长量方差分析达不显著和极显著水平（表1-5）。

为了解所有家系的生长情况，将两组合并后进行方差分析，结果表明：不同家系胸径生长差异极显著（表1-5）。另从图1-1可以看到，胸径生长较高的前7名中有日×兴5个家系，兴×日有3个家系。结合图1-1和图1-2来看，日×兴组合从总体上要比兴×日组合胸径生长量大，但个别家系也存在特殊配合力的情况，如兴9×和160就是生长特别好的家系。

表 1-5　不同家系组合胸径生长方差分析结果

家系组合	平方和	自由度	均方和	F 值	P 值
日×兴	44.984	4	11.246	0.702	0.592
兴×日	212.161	2	106.080	6.092	0.003
两组混合	318.819	7	45.546	2.752	0.009

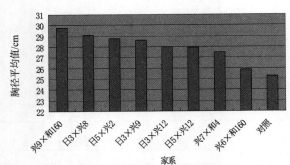

图 1-1　27 年生杂种落叶松各家系胸径生长量比较

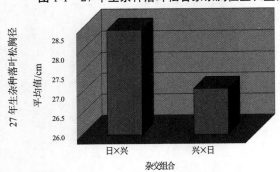

图 1-2　27 年生杂种落叶松正反交组合的胸径生长量分析

（四）小结

（1）27 年生杂种落叶松种子园家系子代测定林的树高、胸径和材积 3 个生长性状在家系间达极显著差异水平，表明杂种落叶松种子园的建园材料间仍有较大差异，但也为优良家系的选择提供了可能。

（2）多重比较结果表明，27 年生杂种落叶松子代测定林树高、胸径、材积平均大于对照组分别为 12.15%、11.64%、34.83%，最优家系兴 9× 和 160 树高、胸径、材积平均大于对照组分别为 15.99%、17.93%、55.02%。

（3）根据多重比较的结果初选出 7 个速生的优良家系，与试验对照组相比，树高平均大于试验对照组 12.44%，胸径平均大于试验对照组 12.95%，材积平均大于试验对照组 38.14%。

（4）方差分析和胸径生长量比较都证明，日本落叶松×兴安落叶松、兴安落叶松×日本落叶松正反交在生长量上存在差异，前一组的平均胸径生长量超过后一组的 5.11%。日本落叶松×兴安落叶松在总体上要比兴安落叶松×日本落叶松组胸径生长量大，但个别家系也存在特殊配合力的情况，特别是兴 9× 和 160 在所有的家系中表现最好。

二、杂种落叶松大径材优良家系的选择

我国落叶松人工林良种率低、生产力低，大径材培育在我国落叶松速生丰产用材林建设工程中具有重要地位，而大径材培育以良种先行既是现实需要，也是未来的发展趋势。杂种落叶松以其生长速度快、适应范围广、抗性强的特点必然成为大径材良种选育的首选树种。为了选择适合于大径材培育的良种，首先应在接近落叶松主伐龄的杂种家系中选择优良家系，进而在优良杂种家系中选择符合大径材要求的优良单株。接近落叶松主伐龄的优良杂种家系由于试验时间长，其主要性状更能接近和反映大径材的某些特征，从而使落叶松大径材良种的选择更具有针对性。据此，本研究首先对杂种落叶松主要生长性状进行选择。

（一）试验材料

研究材料选自黑龙江省林口县青山林场 1980 年营造的落叶松控制授粉杂

种子代测定林，杂交父、母本中的兴安落叶松来自青山林场 20 世纪 60 年代营建的兴安落叶松初级种子园，日本落叶松来自日伪时期栽种的人工林中选择的优树。杂种子代测定林定植株行距为 2 m×2 m，1990 年即 10 年生时进行了疏伐，疏伐方式为隔株伐，现在试验林密度为 900~1 000 株/hm²。

（二）试验方法

共选择 5 个优良家系进行比较，即 20 世纪 90 年代中期在该试验林的 15 个参试杂种家系中选出的 5 个最优良家系，由于该试验林的树龄已近 30 年，接近落叶松人工林的主伐龄（35~40 年），其优良家系的主要性状及参数更接近并能反映大径材的某些特征，将其作为大径材遗传材料具有实用意义。每个家系随机选择 30 株，2007 年春分别调查树高、胸径、中央直径，并计算单株的材积。试验统计分析采用 SPSS18.0 软件。分析方法采用方差分析和遗传相关分析。

（三）结果与分析

1. 杂种落叶松生长遗传变异分析

对 27 年生 5 个家系的树高、胸径、中央直径和材积进行统计的结果（表1-6、表 1-7、表 1-8、表 1-9）表明，树高平均变异系数为 11.50%，其中，变异系数最大的为兴 6×日 76-1，变异系数最小的为日 5×兴 9。胸径平均变异系数为 18.32%，其中，变异系数最大的为兴 6×日 76-1，变异系数最小的为日 3×兴 9。中央直径平均变异系数为 19.20%，其中，变异系数最大的为兴6×日 76-1，变异系数最小的为日 3×兴 9。材积平均变异系数为 41.70%，其中，变异系数最大的为兴 6×日 76-1，变异系数最小的为日 3×兴 9。对于变异较大的家系应注重家系内优良单株的选择，尤其是树高、胸径、中央直径和材积生长变异均大的兴 6×日 76-1。

表 1-6　27 年生杂种落叶松树高统计因子

处理	均值/m	标准差	变异系数/%	标准误	95%置信区间	
					上限	下限
兴2×日76-2	18.47	2.43	13.15	0.44	17.57	19.38
兴6×日76-1	16.56	2.73	16.52	0.51	15.52	17.60
日5×兴9	18.41	1.00	5.42	0.18	18.04	18.78
日3×兴9	18.51	1.39	7.51	0.25	17.99	19.03
日3×兴2	18.71	1.73	9.24	0.32	18.07	19.36
平均值	18.14	2.09	11.50	0.17	17.80	18.48

表 1-7　27 年生杂种落叶松胸径统计因子

处理	均值/cm	标准差	变异系数/%	标准误	95%置信区间	
					上限	下限
兴2×日76-2	18.98	3.517	18.53	0.64	17.67	20.29
兴6×日76-1	16.69	3.849	23.05	0.71	15.23	18.16
日5×兴9	20.34	2.788	13.71	0.51	19.30	21.38
日3×兴9	20.10	2.718	13.52	0.50	19.08	21.11
日3×兴2	20.08	3.516	17.51	0.64	18.76	21.39
平均值	19.26	3.527	18.32	0.29	18.68	19.83

表 1-8　27 年生杂种落叶松中央直径统计因子

处理	均值/cm	标准差	变异系数/%	标准误	95%置信区间	
					上限	下限
兴2×日76-2	13.97	2.67	19.09	0.49	12.98	14.97
兴6×日76-1	11.77	3.01	25.59	0.56	10.62	12.91
日5×兴9	14.25	2.03	14.23	0.37	13.49	15.00
日3×兴9	14.33	1.84	12.85	0.34	13.64	15.02
日3×兴2	14.32	2.69	18.75	0.49	13.32	15.33
平均值	13.74	2.64	19.20	0.22	13.31	14.17

表 1-9　27 年生杂种落叶松材积统计因子

处理	均值/cm	标准差	变异系数/%	标准误	95%置信区间	
					上限	下限
兴2×日76-2	0.30	0.13	43.14	0.02	0.255	0.351
兴6×日76-1	0.20	0.12	62.05	0.02	0.156	0.251
日5×兴9	0.30	0.09	31.56	0.02	0.267	0.337
日3×兴9	0.31	0.09	27.94	0.02	0.273	0.338
日3×兴2	0.32	0.13	41.53	0.02	0.269	0.368
平均值	0.29	0.12	41.70	0.01	0.268	0.307

2.杂种落叶松优良家系选择

在杂种落叶松后代中以日本落叶松（简称日）与兴安落叶松（简称兴）正反交杂种表现最优良，但即使是日×兴、兴×日杂种家系间，由于杂交组合的不同且配合力不同，仍有较大差异。表 1-10 显示，树高、胸径、中央直径、材积在家系间均差异极显著，说明可以通过选择优良家系来实现落叶松生长性状的遗传改良。

表 1-10　杂种落叶松生长性状的方差分析

变异来源	平方和	自由度	均方	F 值	显著性
树高	92.253	4	23.063	6.016	0.000
胸径	0.027	4	0.007	6.177	0.000
中央直径	0.014	4	0.004	5.789	0.000
材积	0.258	4	0.064	4.866	0.001

对家系树高和胸径进行多重比较的结果（表 1-11）表明，27 年生时，树高生长最快的为日 3×兴 2，生长最慢的是兴 6×日 76-1，生长最快的家系超过生长最慢的家系 13.04%；胸径生长最快的为日 5×兴 9，生长最慢的为兴 6×日 76-1，生长最快的家系超过生长最慢的家系 21.87%。

表 1-11　杂种落叶松树高和胸径多重比较

家系	树高/m (5%显著水平)		家系	胸径/cm (5%显著水平)	
	1	2		1	2
兴 6×日 76-1	16.5552		兴 6×日 76-1	16.6931	
日 5×兴 9		18.410 0	兴 2×日 76-2		18.980 0
兴 2×日 76-2		18.473 3	日 3×兴 2		20.076 7
日 3×兴 9		18.506 7	日 3×兴 9		20.096 7
日 3×兴 2		18.713 3	日 5×兴 9		20.343 3

对家系中央直径和材积进行多重比较的结果（表 1-12）表明，27 年生时，中央直径生长最快的为日 3×兴 9，生长最慢的为兴 6×日 76-1，生长最快的家系超过生长最慢的家系 21.76%；材积生长最快的为日 3×兴 2，生长最慢的为兴 6×日 76-1，生长最快的家系超过生长最慢的家系 56.62%。

表 1-12   杂种落叶松中央直径和材积多重比较

家系	中央直径/cm（5%显著水平）		家系	材积/m³（5%显著水平）	
	1	2		1	2
兴 6 × 日 76-1	11.769		兴 6 × 日 76-1	0.203 3	
兴 2 × 日 76-2		13.973 3	日 5 × 兴 9		0.301 9
日 5 × 兴 9		14.246 7	兴 2 × 日 76-2		0.303 1
日 3 × 兴 2		14.323 3	日 3 × 兴 9		0.305 7
日 3 × 兴 9		14.300 0	日 3 × 兴 2		0.318 4

　　这 5 个优良家系虽然是在 1990 年选出的，但是时隔 15 年，多数家系仍然表现优良，且在林分密度为 900~1 000 株/hm² 的情况下，每个家系以 30 株为样本的平均材积达到 0.3 m³ 以上，在黑龙江省乃至东北大部分地区的人工林都是不可能达到的。但优良家系间仍有显著性差异，这说明早期的优良家系选择具有局限性，在时空上接近大径级时（27 年）的选择仍是必要的。

3.杂种后代主要性状间的相关关系

　　了解杂种后代主要性状间的相关关系可以为大径材良种的选择提供准确的信息，尤其是能为优良单株的选择提供有力的依据，无论是对建立杂种第 2 代种子园还是建立优良无性系采穗圃都是至关重要的。表 1-13 中，5 个杂种家系的材积与树高、胸径、中央直径的相关关系中以材积与中央直径相关最紧密，兴 2 × 日 76-2、兴 6 × 日 76-1、日 3 × 兴 9、日 5 × 兴 9、日 3 × 兴 2 的材积与中央直径相关系数依次为 0.981、0.973、0.967、0.985、0.976；材积与胸径相关次之，依次为兴 2 × 日 76-2、日 3 × 兴 2、兴 6 × 日 76-1、日 5 × 兴 9、日 3 × 兴 9，其相关系数依次为 0.970、0.949、0.934、0.932、0.904；材积与树高的相关次于前二者。胸径与中央直径的相关也较为紧密，如兴 2 × 日 76-2 的相关系数为 0.978，兴 6 × 日 76-1 的相关系数为 0.966，日 3 × 兴 2 的相关系数为 0.965。

表 1-13　杂种家系各因子间相关关系

家系		树高	胸径	中央直径
兴 2 × 日 76-2	胸径	0.784		
	中央直径	0.787	0.978	
	材积	0.818	0.970	0.981
兴 6 × 日 76-1	胸径	0.780		
	中央直径	0.806	0.966	
	材积	0.857	0.934	0.973
日 3 × 兴 9	胸径	0.648		
	中央直径	0.492	0.881	
	材积	0.667	0.904	0.967
日 5 × 兴 9	胸径	0.718		
	中央直径	0.654	0.913	
	材积	0.746	0.932	0.985
日 3 × 兴 2	胸径	0.748		
	中央直径	0.695	0.965	
	材积	0.789	0.949	0.976

4.家系内材积生长的差异

优良家系内优良单株的选择是大径材良种选育的关键问题。本试验 5 个杂种家系中即使表现最差的家系兴 6 × 日 76-1 家系内差异也极其显著。从图 1-3 可知家系内单株间材积的差异。该图较直观地显示了各家系均不乏优良单株，但优良家系内优良单株所占比率较大，如图 1-3 中日 3 × 兴 2 的材积生长明显高于其他家系，而兴 6 × 日 76-1 的材积生长明显低于其他家系，这说明优良家系的整体优势明显。

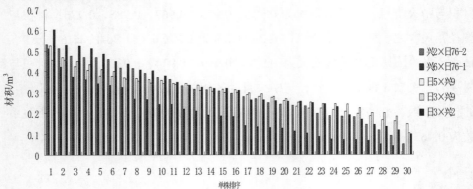

图 1-3　杂种落叶松家系内材积生长比较

（四）小结

（1）对杂种落叶松大径材的良种选育研究的结果表明，杂种落叶松的优良家系间各生长性状差异显著，且在 15 年前选择的优良家系多数仍然表现优良，如兴 2×日 76-2、日 5×兴 9、日 3×兴 9、日 3×兴 2。这就为杂种落叶松大径材的良种选育提供了可能。

（2）杂种后代主要性状间的相关关系表明，影响材积的主要性状是中央直径。性状对材积的影响依次为中央直径>胸径>树高。胸径与中央直径的相关较紧密，而胸径与树高、中央直径与树高的相关不同家系表现各异。

（3）落叶松大径材的良种选育最终利用途径一般有两种：一是建立种子园生产适于大径材培育的良种，二是通过优良无性系测定与利用培育良种。但无论哪种利用途径，在优良家系内选择优良单株是大径材良种选育的关键性问题。本试验 5 个杂种家系中个体间差异明显，尤其是优良家系中优良个体比重大，因而为大径材的良种选育奠定了良好的基础。大径材的良种选育还应包括质量性状，如材性测定等与生长性状相结合，这方面还有待进一步的研究。

第三节　杂种落叶松异地保存技术研究

杂种落叶松种质资源的收集和保存以建立杂种实生种子园、杂种落叶松 F_1 代和 F_2 代子代测定林、杂种落叶松第二代无性系种子园以及再收集（新建种质资源圃）的形式开展。

一、材料和方法

1.材料

该研究使用了 4 种落叶松树种，它们是当地树种兴安落叶松和长白落叶松，以及引进的华北落叶松和日本落叶松。华北落叶松引自关帝山，日本落叶松是日伪时期栽种的人工林中选出的优树，兴安落叶松是从小兴安岭东汤选择的优树，长白落叶松优树来源于白刀山、小北湖以及这两个种源的人工林中。其中，兴安落叶松和日本落叶松在当时已建成种子园并已开花。长白落叶松种子园当时还没有进入开花期，故只能在优树上采集花粉，华北落叶松结实习性好，在引种试验林中即可采粉和控制授粉，配置杂交组合时对各亲本树种的个体都进行了表型再选择（特别是在种子园通过对无性系整体表现的评价进行了再选择），有的（如兴安落叶松和日本落叶松）是通过对其两年生子代的株型和生长量的评价进行了再选择。

2.制种方法

杂交育种的控制授粉工作都是在种子园的母树上进行的。其方法是：在估计雌花开放前的一周左右时间里对母树及其周围母树进行全面的人工去雄，在此期间采集调制父本的花粉，存放在阴凉干燥处，每天早、晚都观察雌花开放的程度，待其充分开放时（雌球花鳞片微微张开，雌球花直立向上或弯曲过来朝上时即为充分开放时），尽可能及时地用微量喷粉器对准每个雌球花，将目的花粉撒入鳞片间，并使其落入底部。这个方法称为开放式授粉。

杂种实生种子园的建立：在对二年生苗进行中等强度（$i=2.66$）选择的基础上，分组合、分家系，按单株以直线式排列，以5 m×5 m的株行距建立杂种实生种子园，目的是生产示范性良种，同时也是为了保存和评价组合间差异和了解家系内分化情况，以便对其进行再选择利用。

3.杂种落叶松的鉴定

人工控制授粉所得杂种落叶松杂种性状的表现如下：

（1）从形态学角度来鉴别：日本落叶松叶深灰绿色，兴安落叶松叶黄绿色，长白落叶松叶色调深些，但远不如日本落叶松。其杂种即使在生长旺季也不如日本落叶松浓绿，在强光下可以把杂种和日本落叶松按色调加以区别。在解剖镜下观察叶背面气孔线时，可以看到杂种气孔线条数的频数分布居两亲本之间。

（2）从苗期的物候状况来鉴别：在黑龙江省林口县青山林场，日本落叶松常常不能自然落叶。一、二年生的苗木顶芽发育不充分，常有冻害。兴安落叶松和长白落叶松均能自然落叶，顶芽充实，一般都没有冻害。其杂种顶芽发育比较充分，冻害指数明显下降或没有冻害。

在秋季还可以看到一个重要现象，即正、反交其物候表现不同。日×兴和日×长叶色深，不能变黄，不能全部自然落叶，而兴×日和长×日则可以变黄，能够自然落叶或仅剩顶部一层叶片。冻害指数也有一些差异。

（3）分子鉴定：落叶松属间杂交全世界都有报道，但最有经济价值的是欧洲落叶松×日本落叶松杂种落叶松。对欧洲落叶松×日本落叶松杂种的鉴定研究得比较多，研究表明：同工酶分子标记一般对杂种落叶松（欧×日）鉴定无效，因为两个种在大多数位点上几个等位基因片段相同（Heker and Bergmann，1991；Ennos and Qian，1994）。Scheepers 等.（2000）使用 RAPD 标记从杂种的亲本中确定出杂种落叶松。

杂种落叶松的鉴定一直是一个很难解决的问题，也给杂种落叶松的保存带来很多困难。我们研究的杂种落叶松是控制授粉获得的，明确母本和父本后，注明树号、做好标记，这对整个杂种落叶松的保持相当重要。

二、杂种实生种子园的建立和保存

1.试验地概况

试验地选择在立地类型和气候条件具有当地代表性的林场：地形变化小，开阔平坦，坡面较大；交通方便但不易被人畜破坏。位于黑龙江省林口县的青山林场，是以低山、丘陵为主的山地，具有气温低、无霜期短的特点。该地区生长期 105~115 d，年降水量 530~570 mm，海拔在 300~500 m，林地土壤以山地暗棕壤为主，主要植被有落叶松、樟子松、红松等。

2.试验材料

杂种实生种子园是由开放式控制授粉种子育出苗木建成的种子园。其母本均为 1965 年在苗圃南头定植的兴安落叶松、日本落叶松种子园（兴安落叶松优树选自伊春林管局的东汤，日本落叶松优树选自本场）的无性系，父本除了兴 2、兴 9 之外，都是临时选的优树。1980 年春对各家系按 1/100 左右的入选率选出建园苗木，建成杂种落叶松实生种子园 7.8 hm^2。

3.保存方法

园址选择：应设置在适于落叶松生长结实的生态环境中，园址选择直接关系到种子园的种子产量和经济效益，而作为杂种落叶松良种种子生产基地的实生种子园，这一功能更为重要，因此，建园前必须慎重把好这一关。建园时一定要严格选择园址，除考虑交通和遗传隔离之外，还应考虑霜害较轻和较少的南向缓坡中腹地段，土壤肥力中等、地形开阔、阳光充足、排水良好是园址的必备条件。

株行距及母树配置位置：为了增加杂种落叶松种子园产量，一般初期建成 4 m×4 m、5 m×5 m，达到 12~15 年生时，疏伐成 4 m×8 m 或 5 m×10 m，这样的株行距和母树的配置不影响种子的产量，而 5 m×10 m 小区里每公顷可采集球果 500~700 kg，可调制纯种 20~25 kg。

整地定植：根据立地条件确定初植密度，一般杂种落叶松实生种子园初植密度为 4 m×4 m 和 5 m×5 m，一律拉线用石灰定点，挖穴定植。

疏伐：对 4 m×4 m、5 m×5 m 甚至 6 m×6 m 株行距的种子园，都要在12~15 年生时进行疏伐，伐后保持 4 m×8 m、5 m×10 m、6 m×12 m 的株行距，或者保留 5 m×5 m 或 6 m×6 m 的4株小群团，小群团间保持 10 m、12 m 的距离。同时注意伐除结实周期与多数无性系不同步的无性系，以利于降低种实害虫的虫口基数。

经营管理：定植完后，当年要及时扩穴，抚育两遍，调查成活率，以利于明年及时补植。

4.结果与分析

黑龙江省林口县青山林场杂种实生种子园共保存15个优良家系，985份，7.8 hm^2。具体保存情况见表 1-14。

表 1-14   杂种落叶松实生种子园异地（黑龙江省林口县青山林场）保存情况

定植时间	家系	株行距/（m×m）	现保存株数
1979年	日3×兴2	5×10	65
	日3×兴9	5×10	102
	日5×兴9	5×10	128
	日5×长77-3	5×10	10

续表

定植时间	家系	株行距/（m×m）	现保存株数
1979年	日5×长78-3	5×10	10
	日12×兴9	5×10	113
	兴7×日77-2	5×10	12
	日5×兴12	5×10	74
1981年	日3×石51	5×10	73
	日11×兴2	5×10	76
	兴5×兴9	5×10	67
	兴12×兴2	5×10	58
	兴10×日13	5×10	65
	兴9×日76-2	5×10	69
	兴6×和6	5×10	63

5.小结

杂种实生种子园兼具遗传测定、提供育种场地和育苗材料以及提供示范性良种等功能。杂种实生种子园中，可以看到家系内的分化情况并对其进行选择，也可以估算出家系间的差异以评价其优劣。同时还可以通过其子代表现来评价园内优良个体本身。

三、杂种落叶松 F₁ 代和 F₂ 代子代测定林的建立和保存

1.试验地概况

试验地位于黑龙江省林口县的青山林场，是以低山、丘陵为主的山地，具有气温低、无霜期短的特点。该地区生长期105~115 d，年降水量530~570 mm，海拔在300~500 m，林地土壤以山地暗棕壤为主，主要植被有落叶松、樟子松、红松等。

2.试验材料和保存方法

杂种落叶松全同胞子代林是由开放式控制授粉种子育出苗木建成的。除日76-2、日76-1系日本落叶松母树林优树，其余是本场1965年建的种子园树。

1965年和1966年，黑龙江省林业科学研究所即在青山林场进行过长白落叶松×日本落叶松和日本落叶松×长白落叶松的杂交试验，1976—1979年利用开放式控制授粉技术，进行了两次规模较大的杂交制种，1983年、1986年、

1988 年和 1993 年又进行了四次大规模的杂交制种，在日×兴、兴×日、日×长、长×日、兴×长、日×华和华×日等 7 个树种组合范围内共做了上百个杂交组合，建立了 20 多公顷子代测定林。

F_1 代杂种落叶松：

WA 试验地：青山林场 1977 年育苗，1979 年 4 月定植，随机区组，4 次重复，90 株小区，株行距为 1.5 m×2.0 m，2 行保护行。1990 年即 10 年生时进行了疏伐，疏伐方式为隔株伐，现试验林密度为 900～1 000 株/hm²。

CA（8001）和 CB（8002）号试验地：青山林场 1978 年苗圃育苗，1980 年定植，1977 年在 1965 年建的日本落叶松种子园内控制授粉。随机区组，4 次重复，90 株小区，株行距为 1.5 m×2.0 m，2 行保护行。1990 年即 10 年生时进行了疏伐，疏伐方式为隔株伐，现试验林密度为 900～1 000 株/hm²。

WF（82002）试验地：青山林场 1980 年育苗，1979 年在 1965 年建的兴安落叶松及日本种子园控制授粉。1982 年定植，两侧保护行每处理栽 10 株 2 行，试验区内每处理栽 2 行，每行 5 株，共 10 株；随机区组，5 次重复，10 株小区，64 个处理。

F_2 代杂种落叶松：

8809 区：种子采于苇子沟杂种实生种子园内，1988 年按随机区组设计定植，10 个处理，株行距为 2 m×2 m，单行小区 8 株，重复 5 次。

8810 区：种子采于苇子沟杂种实生种子园内，1988 年按随机区组设计定植，3 个处理，株行距为 2 m×2 m，单行小区 20 株，重复 5 次。

8813 区：种子采于苇子沟杂种实生种子园内，1988 年按随机区组设计定植，3 个处理，株行距为 2 m×2 m，单行小区 20 株，重复 5 次。

9101 区：1988 年在 F_1 代实生种子园中分家系采种、调制，1989 年播种育苗（F_2 代），1991 年按随机区组设计定植（9101 区），20 个处理，株行距为 1.5 m×2.0 m，单行小区 20 株，重复 4 次。

3. 结果与分析

杂种落叶松 F_1 代全同胞子代测定林保存情况见表 1-15。1979 年在青山保存的全同胞子代测定林 WA 试验地有 6 个家系，分别是兴 2×日 76-2、日 3×

兴 9、兴 6 × 日 76-1、日 5 × 兴 9、兴 5 × 日 76-1、日 5 × 兴 2，共 516 份，0.84 hm²。1980 年在青山保存的全同胞子代测定林 CA 试验地有 5 个家系，分别是日 5 × 长 77-3、日 5 × 兴 9、日 5 × 长 77-1、日 5 × 长 75-5、日 5 × 长 77-2，共 829 份，0.648 hm²。1980 年在青山保存的全同胞子代测定林 CB 试验地有 4 个家系，分别是日 3 × 兴 9、日 12 × 兴 9、日 3 × 长 75-5、日 3 × 兴 2，共 684 份，0.54 hm²。1980 年在青山保存的全同胞子代林 CD 试验地有 3 个家系，分别是兴 7 × 长 77-3、兴 7 × 日 77-2 和兴 6 × 日 77-2，共 317 份，0.27 hm²。1982 年在青山保存的全同胞子代测定林 WF 试验地有 30 个家系，是所有子代测定林中保存最多的家系，共 1 181 份，0.45 hm²。

表 1-15　杂种落叶松 F₁ 代全同胞子代测定林保存情况

F₁代	定植时间	家系	株行距/（m × m）	现保存株数
WA区	1979年	兴2 × 日76-2	1.5 × 2.0	81
		日3 × 兴9	1.5 × 2.0	86
		兴6 × 日76-1	1.5 × 2.0	83
		日5 × 兴9	1.5 × 2.0	73
		兴5 × 日76-1	1.5 × 2.0	69
		日5 × 兴2	1.5 × 2.0	124
CA区	1980年	日5 × 长77-3	1.5 × 2.0	163
		日5 × 兴9	1.5 × 2.0	167
		日5 × 长77-1	1.5 × 2.0	159
		日5 × 长75-5	1.5 × 2.0	175
		日5 × 长77-2	1.5 × 2.0	165
CB区	1980年	日3 × 兴9	1.5 × 2.0	167
		日12 × 兴9	1.5 × 2.0	161
		日3 × 长75-5	1.5 × 2.0	181
		日3 × 兴2	1.5 × 2.0	175
CD区	1980年	兴7 × 长77-3	1.5 × 2.0	110
		兴7 × 日77-2	1.5 × 2.0	108
		兴6 × 日77-2	1.5 × 2.0	99

续表

F₁代	定植时间	家系	株行距/（m×m）	现保存株数
		日11×兴12	1.5×2.0	5
		兴12×日5	1.5×2.0	38
		兴6×日5	1.5×2.0	42
		兴6×和6	1.5×2.0	44
		兴13×和6	1.5×2.0	39
		兴9×长78-5	1.5×2.0	40
		日11×兴7	1.5×2.0	43
		日11×兴8	1.5×2.0	41
		兴9×日76-2	1.5×2.0	39
		日11×兴2	1.5×2.0	37
		日11×石64	1.5×2.0	39
		兴10×日77-3	1.5×2.0	38
		日5×兴9	1.5×2.0	41
		兴6×和2	1.5×2.0	43
		兴2×日5	1.5×2.0	44
WF区	1982年	日5×石51	1.5×2.0	46
		日11×石61	1.5×2.0	37
		兴12×日73-18	1.5×2.0	41
		兴9×日76-2	1.5×2.0	36
		兴6×和159	1.5×2.0	45
		日3×兴8	1.5×2.0	37
		兴10×日13	1.5×2.0	39
		兴6×日73-18	1.5×2.0	43
		日5×兴6	1.5×2.0	40
		日11×石51	1.5×2.0	41
		兴6×和148	1.5×2.0	45
		日5×兴12	1.5×2.0	39
		兴6×和160	1.5×2.0	42
		日5×长78-5	1.5×2.0	37
		日5×兴8	1.5×2.0	40

　　1988 年在青山建的杂种落叶松 F₂ 代共 7 个家系，其中日×兴 6 个组合，兴×日 1 个组合，日×长 3 个组合，共 204 份，0.193 hm²。1988 年在青山营

建的杂种实生园落叶松家系日 12×兴 9 不同分株造林，共 248 份，0.15 hm²。
1988 年在青山营建的杂种实生园落叶松日 5×长 77-3 不同分株造林，共 231
份，0.12 hm²。1991 年在青山营建的杂种种子园第二代家系（日 5×兴 9）内
单株测定林，共保存 243 株，0.09 hm²（表 1-16）。

表 1-16 杂种落叶松 F_2 代子代测定林保存情况

F_2代	定植时间	家系	株行距/（m×m）	现保存株数
8809区	1988年	日5×兴9	2×2	30
		日3×兴9	2×2	29
		日5×长77-3	2×2	31
		日12×兴9	2×2	28
		兴7×日77-2	2×2	30
		日3×兴2	2×2	27
		日5×长78-3	2×2	29
8810区	1988年	日12×兴9	2×2	248
8813区	1988年	日5×长77-3	2×2	231
9101区	1991年	日5×兴9	1.5×2.0	243

4.小结

从 1979 年到 1982 年，共保存杂种落叶松 F_1 代子代测定林日×兴 16 个组
合、日×长 6 个组合、兴×日 14 个组合及兴×长 2 个组合共 48 个杂交组合
的优树 3 527 份，共计 2.748 hm²。

从 1988 年到 1991 年，共保存杂种落叶松 F_2 代子代测定林日×兴 6 个组
合和兴×日 1 个组合，共 926 份，0.533 hm²。

对于杂种落叶松子代测定林，及时疏伐对后期的保存和利用也十分重要，
一般建议子代测定林生长 10 年后就要进行疏伐。

四、杂种落叶松第二代无性系种质资源收集和保存研究

1.试验地概况

位于黑龙江省林口县的青山林场，是以低山、丘陵为主的山地，具有气温
低、无霜期短的特点。该地区生长期 105~115 d，年降水量 530~570 mm，海拔
300~500 m，林地土壤以山地暗棕壤为主，主要植被有落叶松、樟子松、红松等。

黑龙江省林业科学院江山娇实验林场地处牡丹江市所辖宁安市境内，地理坐标为东经 128°53′16″~129°12′43″，北纬 43°44′54″~43°54′12″，海拔 356~890 m，平均海拔 400 m，极端低温出现在 1 月，最高气温在 7 月，年降水量 450~550 mm，全年无霜期在 116~125 d，属亚寒带大陆性气候。造林地为落叶松采伐迹地，土壤为暗棕壤，平均坡度为 12°。

2.试验材料和保存方法

通过相对集中若干优良家系中的若干最优单株的无性系母树，构成一个新的高质量的交配体系，以生产大量优质杂种，这是建立杂种第二代无性系种子园的方法原则，也是其目的。本试验选出 4 个优良家系日 5×兴 9、兴 2×日 76-2、兴 9×日 76-2 和兴 7×日 77-2 组成建园材料。

如，选用 4 个优良家系，第一个优良家系日 5×兴 9 编为 1 号，第二个优良家系兴 2×日 76-2 编为 2 号，第三个优良家系兴 9×日 76-2 编为 3 号，第四个优良家系兴 7×日 77-2 编为 4 号。共定植 400 株母树，群团内 4 m，群团间 6 m，共计 1 hm²。

2006 年早春在使用的各号杂种优树上采集接穗，用牢固的号牌标明树号（编号），存放在事先备好的潮湿、清洁（不利于霉菌滋生）的冷窖内。4 月末至 5 月初开始在前一年准备好的砧木上进行嫁接，于 5 月中旬以前接完，接株的管理同常规方法。

3.结果与分析

2007 年在青山林场异地保存杂种落叶松 4 个优良无性系，共 375 份，1 hm²。（表 1-17）

表 1-17 2007 年定植青山林场的杂种落叶松无性系种子园保存情况

无性系号	株行距	现在保存株数
日 5×兴 9	群团内 4 m，群团间 6 m	95
兴 2×日 76-2	群团内 4 m，群团间 6 m	94
兴 9×日 76－2	群团内 4 m，群团间 6 m	90
兴 7×日 77－2	群团内 4 m，群团间 6 m	96

2010 年在江山娇林场杂种落叶松兴×日第二代园实行的异地保存技术，共 1 hm²，196 份，缺株的需要第二年进行补植，确保种子园的完整性，保存

情况见表 1-18。

表 1-18　2010 年定植江山娇林场的杂种落叶松兴×日第二代无性系种子园保存情况

无性系号	株行距	现在保存株数
兴 2×日 76-1	群团内 5 m，群团间 9 m	49
兴 7×日 77-2	群团内 5 m，群团间 9 m	49
兴 9×日 76-2	群团内 5 m，群团间 9 m	49
兴 6×和 6	群团内 5 m，群团间 9 m	49

2010 年在江山娇林场定植的日×长第二代杂种落叶松种子园，共 1 hm^2，196 份，缺株的需要第二年补植，确保种子园的完整性，保存情况见表 1-19。

表 1-19　2010 年定植江山娇林场的杂种落叶松日×长第二代无性系种子园保存情况

无性系号	株行距	现在保存株数
日 5×长 77-1	群团内 5 m，群团间 9 m	49
日 5×长 77-3	群团内 5 m，群团间 9 m	49
日 5×长 78-3	群团内 5 m，群团间 9 m	49
日 5×长 78-5	群团内 5 m，群团间 9 m	49

2011 年在青山林场定植的日×长第二代杂种落叶松种子园，共 1 hm^2，196 份，保存情况见表 1-20。

表 1-20　2011 年定植青山林场的杂种落叶松日×长第二代种子园保存情况

无性系号	株行距	现在保存株数
日 5×长 77-1	群团内 5 m，群团间 9 m	49
日 5×长 77-3	群团内 5 m，群团间 9 m	49
日 5×长 78-3	群团内 5 m，群团间 9 m	49
日 5×长 78-5	群团内 5 m，群团间 9 m	49

2011 年在青山林场定植的兴×日第二代杂种落叶松种子园，共 1 hm^2，196 份，保存情况见表 1-21。

表 1-21　2011 年定植青山林场的杂种落叶松兴×日第二代种子园保存情况

无性系号	株行距	现在保存株数
兴 2×日 76-1	群团内 5 m，群团间 9 m	49
兴 6×日 6	群团内 5 m，群团间 9 m	49
兴 7×日 77-2	群团内 5 m，群团间 9 m	49
兴 9×日 76-2	群团内 5 m，群团间 9 m	49

2011 年在江山娇林场定植的日×兴第二代杂种落叶松种子园，共 4 hm²，784 份，保存情况见表 1-22。

表 1-22　2011 年定植江山娇林场的杂种落叶松日×兴第二代种子园保存情况

第二代种子园	无性系号	株行距	现在保存株数
园 1	日 3×兴 2	群团内 5 m，群团间 9 m	49
	日 3×兴 9	群团内 5 m，群团间 9 m	49
	日 5×兴 9	群团内 5 m，群团间 9 m	49
	日 12×兴 9	群团内 5 m，群团间 9 m	49
园 2	日 5×兴 9	群团内 5 m，群团间 9 m	49
	日 7×兴 9	群团内 5 m，群团间 9 m	49
	日 11×兴 8	群团内 5 m，群团间 9 m	49
	日 11×兴 7	群团内 5 m，群团间 9 m	49
园 3	日 3×兴 2	群团内 5 m，群团间 9 m	49
	日 3×兴 9	群团内 5 m，群团间 9 m	49
	日 5×兴 6	群团内 5 m，群团间 9 m	49
	日 5×兴 9	群团内 5 m，群团间 9 m	49
园 4	日 5×兴 12	群团内 5 m，群团间 9 m	49
	日 7×兴 9	群团内 5 m，群团间 9 m	49
	日 11×兴 8	群团内 5 m，群团间 9 m	49
	日 12×兴 9	群团内 5 m，群团间 9 m	49

4.小结

从 2007 年到 2011 年，共保存杂种落叶松第二代种质资源 18 个优良无性系，共 1 943 份，9 hm²。18 个优良无性系包括日×兴 9 个组合、兴×日 5 个组合和日×长 4 个组合共 18 个杂交组合，种质资源丰富，为大量生产杂种落叶松良种奠定了基础。

五、杂种落叶松种质资源圃营建技术

1.试验材料与地点

以 1976—1986 年间采用开放式控制授粉所获得的各批杂种种子，以及 1986 年和 1988 年在杂种实生种子园中采集的自由授粉杂种第二代种子育苗后营建的子代测定林为嫁接材料，在黑龙江省林口县青山林场和江山娇实验林

场建立杂种落叶松种质资源库。

2.保存方法

早春在杂种落叶松优树上采集接穗，用牢固的号牌标明树号（编号），存放在事先备好的潮湿、清洁（不利于霉菌滋生）的冷窖内。4月末至5月初开始在前一年准备好的砧木上进行嫁接，于5月中旬以前接完，接株的管理同常规方法。第二年上山定植，根据嫁接的成活率设计出上山造林的配置图。

基因保存林：1992-1和1992-2基因保存林，均选自1979—1982年造的WA、WF、CA、CB及CD各杂种试验林优树。1990年春嫁接，苗木在圃地培育2年，1992年按随机区组设计定植，54个处理，株行距为2 m×3 m，每个无性系单行排列5株，重复1次。

3.结果与分析

1992年在青山林场建立的两块基因保存林中有兴×日7个组合、日×兴6个组合、日×长5个组合共18个杂交组合的优树68份，共0.54 hm²（表1-23）。

表1-23　1992年杂种落叶松无性系保存林

无性系号	株行距/（m×m）	保存株数	无性系号	株行距/（m×m）	保存株数
兴2×日76-2	2×3	4	日7×兴9	2×3	3
兴6×日6	2×3	5	日12×兴9	2×3	4
兴7×日77-2	2×3	4	日5×兴2	2×3	3
兴9×日76-2	2×3	4	日11×兴8	2×3	4
兴2×日76-1	2×3	4	日5×长77-1	2×3	4
兴12×日5	2×3	4	日5×长77-3	2×3	3
兴6×日76-1	2×3	3	日5×长78-3	2×3	4
日3×兴9	2×3	4	日5×长78-5	2×3	4
日5×兴9	2×3	3	日5×长77-2	2×3	4

2007年共收集保存45个优良杂种落叶松无性系号，面积约为0.576 hm²，共计360份（表1-24）。

表 1-24　2007 年在青山林场定植的杂种落叶松种质资源圃保存情况

无性系号	株行距/（m×m）	保存株数	无性系号	株行距/（m×m）	保存株数
（日5×长78-3）-1	4×4	8	（日5×兴9）-1	4×4	8
（日5×长78-3）-2	4×4	8	（日5×兴9）-2	4×4	8
（日5×长78-3）-3	4×4	8	（日5×兴9）-3	4×4	8
（日5×长78-3）-4	4×4	8	（日5×兴9）-4	4×4	8
（日5×长78-3）-5	4×4	8	（日5×兴9）-5	4×4	8
（日3×兴9）-1	4×4	8	（日3×兴2）-1	4×4	8
（日3×兴9）-2	4×4	8	（日3×兴2）-2	4×4	8
（日3×兴9）-3	4×4	8	（日3×兴2）-3	4×4	8
（日3×兴9）-4	4×4	8	（日3×兴2）-4	4×4	8
（日3×兴9）-5	4×4	8	（日3×兴2）-5	4×4	8
（日12×兴9）-1	4×4	8	（兴6×日76-1）-1	4×4	8
（日12×兴9）-2	4×4	8	（兴6×日76-1）-2	4×4	8
（日12×兴9）-3	4×4	8	（兴6×日76-1）-3	4×4	8
（日12×兴9）-4	4×4	8	（兴6×日76-1）-4	4×4	8
（日12×兴9）-5	4×4	8	（兴6×日76-1）-5	4×4	8
（兴2×日76-2）-1	4×4	8	（兴7×日77-2）-1	4×4	8
（兴2×日76-2）-2	4×4	8	（兴7×日77-2）-2	4×4	8
（兴2×日76-2）-3	4×4	8	（兴7×日77-2）-3	4×4	8
（兴2×日76-2）-4	4×4	8	（兴7×日77-2）-4	4×4	8
（兴2×日76-2）-5	4×4	8	（兴7×日77-2）-5	4×4	8
（日5×长77-3）-1	4×4	8	（日5×长77-3）-3	4×4	8
（日5×长77-3）-2	4×4	8	（日5×长77-3）-4	4×4	8
（日5×长77-3）-5	4×4	8			

2010 年在青山林场定植的 11 个杂种落叶松无性系，共计 120 份，0.768 hm^2（表 1-25）。

表 1-25　2010 年定植的杂种落叶松保存情况

定植时间	地点	无性系号	株行距/（m×m）	保存株数
	青山林场	（日3×兴2）-2	2×4	10
	青山林场	（日5×兴9）-5	2×4	10
	青山林场	（兴2×日76-2）-1	2×4	10
	青山林场	（兴6×和6）-1	2×4	10
	青山林场	（日11×石51）-1	2×4	10
2010年	青山林场	（兴12×日5）-1	2×4	10
	青山林场	（兴2×日76-2）-4	2×4	10
	青山林场	（兴2×日76-2）-3	2×4	10
	青山林场	（日3×兴9）-1	2×4	10
	青山林场	（日3×兴9）-5	2×4	10
	青山林场	（兴9×长78-5）-1	2×4	20

2010 年在苇河青山种子园共保存 52 个杂种落叶松无性系，共计 312 份，1.87 hm² （表 1-26）。

表 1-26　2010 年苇河青山种子园异地保存杂种落叶松情况

无性系号	株行距/（m×m）	保存株数	无性系号	株行距/（m×m）	保存株数
（兴 6×和 6）-1	2×3	6	（日 5×长 77-3）-1	2×3	6
（兴 6×和 2）-1	2×3	6	（日 11×石 51）-2	2×3	6
（兴 9×日 76-2）-2	2×3	6	（日 5×兴 2）-1	2×3	6
（兴 2×日 76-2）-1	2×3	6	（日 3×兴 2）-3	2×3	6
（兴 6×日 76-1）-1	2×3	6	（日 12×兴 9）-3	2×3	6
（兴 7×日 77-2）-2	2×3	6	（日 3×兴 2）-4	2×3	6
（兴 2×日 76-2）-3	2×3	6	（日 12×兴 9）-4	2×3	6
（兴 6×日 76-1）-3	2×3	6	（日 5×兴 2）-4	2×3	6
（兴 9×日 76-2）-1	2×3	6	（日 5×兴 9）-2	2×3	6
（兴 12×日 5）-1	2×3	6	（日 5×兴 9）-5	2×3	6
（兴 2×日 76-2）-2	2×3	6	（日 3×兴 9）-5	2×3	6
（兴 2×日 76-1）-1	2×3	6	（日 5×兴 2）-2	2×3	6
（兴 7×日 77-2）-1	2×3	6	（日 5×兴 9）-4	2×3	6
（兴 9×日 76-2）-3	2×3	6	（日 3×兴 8）-1	2×3	6
（兴 8×兴 9）-1	2×3	6	（日 3×兴 9）-2	2×3	6
（兴 2×兴 9）-1	2×3	6	（日 11×兴 8）-1	2×3	6
（兴 6×兴 9）-1	2×3	6	（日 3×兴 9）-7	2×3	6
（兴 5×兴 9）-1	2×3	6	（日 3×兴 2）-2	2×3	6
（兴 9×长 78-5）-1	2×3	6	（日 12×兴 9）-5	2×3	6
（兴 12×兴 9）-1	2×3	6	（日 3×兴 9）-1	2×3	6
（日 11×石 51）-1	2×3	6	（日 5×兴 9）-1	2×3	6
（兴 9×兴 9）-1	2×3	6	（日 12×兴 9）-1	2×3	6
（日 5×长 78-5）-1	2×3	6	（日 7×兴 9）-1	2×3	6
（日 5×长 78-3）-1	2×3	6	（日 3×兴 2）-5	2×3	6
（日 5×长 77-1）-1	2×3	6	（日 5×兴 9）-3	2×3	6
			（日 11×兴 2）-1	2×3	6

2011 年在青山收集杂种落叶松优良无性系 74 个，共 740 份，1.1 hm²（表 1-27）。

表 1-27　2011 年在青山定植的杂种落叶松种质资源圃

无性系号	株行距/（m×m）	保存株数	无性系号	株行距/（m×m）	保存株数
（日 11×石 61）-1	3×5	10	（日 5×长 78-5）-1	3×5	10
（日 3×兴 8）-2	3×5	10	（日 3×兴 2）-1	3×5	10
（日 11×石 64）-2	3×5	10	（兴 2×日 5）-3	3×5	10
（兴 10×日 13）-1	3×5	10	（日 11×兴 2）-3	3×5	10
（日 11×石 51）-1	3×5	10	（日 3×兴 8）-1	3×5	10
（兴 6×和 160）-1	3×5	10	（日 5×石 51）-2	3×5	10
（兴 12×日 73-18）-1	3×5	10	（兴 5×兴 9）-1	3×5	10
（兴 9×日 76-2）-1	3×5	10	（兴 8×兴 9）-2	3×5	10
（日 3×长 75-3）-1	3×5	10	（兴 6×日 73-18）-2	3×5	10
（兴 6×和 6）-3	3×5	10	（日 11×兴 2）-1	3×5	10
（兴 6×日 77-2）-2	3×5	10	（兴 12×日 73-18）-3	3×5	10
（兴 2×日 5）-2	3×5	10	（日 3×兴 8）-3	3×5	10
（兴 10×日 13）-2	3×5	10	（日 3×兴 9）-2	3×5	10
（日 3×兴 2）-3	3×5	10	（日 5×石 51）-1	3×5	10
（日 3×兴 9）-3	3×5	10	（兴 9×日 76-2）-1	3×5	10
（兴 9×长 78-5）-2	3×5	10	（兴 10×日 77-3）-3	3×5	10
（日 7×兴 9）-2	3×5	10	（日 11×兴 8）-1	3×5	10
（日 5×长 78-5）-3	3×5	10	（兴 6×兴 9）-1	3×5	10
（兴 12×日 73-18）-2	3×5	10	（日 5×长 77-2）-2	3×5	10
（日 3×兴 2）-2	3×5	10	（兴 9×长 78-5）-1	3×5	10
（日 5×兴 8）-2	3×5	10	（日 11×石 61）-2	3×5	10
（兴 2×日 76-2）-3	3×5	10	（兴 12×日 5）-3	3×5	10
（兴 6×和 159）-1	3×5	10	（兴 6×和 159）-2	3×5	10
（兴 13×兴 9）-1	3×5	10	（兴 10×日 77-3）-1	3×5	10
（兴 6×和 2）-2	3×5	10	（日 11×石 61）-1	3×5	10
（兴 6×和 6）-2	3×5	10	（日 5×石 51）-3	3×5	10
（日 7×兴 9）-1	3×5	10	（日 5×长 75-5）-2	3×5	10
（兴 13×兴 9）-3	3×5	10	（兴 2×兴 9）-1	3×5	10
（兴 9×兴 3）-1	3×5	10	（兴 13×兴 9）-2	3×5	10
（兴 9×日 76-2）-2	3×5	10	（兴 8×兴 9）-3	3×5	10
（日 5×长 75-5）-2	3×5	10	（日 11×兴 12）-3	3×5	10
（兴 7×兴 9）-2	3×5	10	（日 11×兴 12）-2	3×5	10
（兴 6×和 160）-3	3×5	10	（兴 9×日 76-2）-1	3×5	10
（兴 6×日 73-18）-1	3×5	10	（兴 7×兴 9）-3	3×5	10
（兴 9×兴 9）-3	3×5	10	（兴 6×和 2）-3	3×5	10
（日 11×兴 8）-1	3×5	10	（日 11×石 61）-1	3×5	10
			（日 5×兴 9）-1	3×5	10

4.小结

自 1992 年到 2011 年,在林口县青山林场和苇河林业局青山种子园共收集和保存兴×日 16 个组合、日×兴 12 个组合、日×长 11 个组合及兴×长 1 个组合杂交组合优树,共 1 600 份,4.854 hm²。

六、杂种落叶松花粉低温保存

1.材料和保存方法

试验材料来自林口县青山林场 34 区杂种实生种子园,本种子园 1977 年控制授粉,苗木 2 年生出土定植。

在种子园内收集即将散粉的雄花,然后摊放在温暖干燥的地方待其散粉,并及时用孔径 0.15 mm 的筛子去除杂物,把花粉包好,注明树号和采花粉日期,放在低温条件下的氯化钙干燥器中待用。

2.低温保存的杂种落叶松花粉情况

2009 年低温保存日×兴 3 个组合花粉,共 750 g。2010 年低温保存日×兴 3 个组合花粉共 680 g,日 5×长 77-3 花粉共 150 g。2011 年低温保存日×兴 4 个组合花粉共 780 g,日 5×长 78-3 花粉 180 g(表 1-28)。

表 1-28 杂种落叶松花粉低温保存情况

采集时间	保存地点	家系号	质量/g
2009 年 5 月	哈尔滨冷藏柜	日 3×兴 2	300
2009 年 5 月	哈尔滨冷藏柜	日 5×兴 9	200
2009 年 5 月	哈尔滨冷藏柜	日 3×兴 9	250
2010 年 5 月	哈尔滨冷藏柜	日 3×兴 2	250
2010 年 5 月	哈尔滨冷藏柜	日 12×兴 9	210
2010 年 5 月	哈尔滨冷藏柜	日 5×长 77-3	150
2010 年 5 月	哈尔滨冷藏柜	日 5×兴 9	220
2011 年 5 月	哈尔滨冷藏柜	日 3×兴 2	210
2011 年 5 月	哈尔滨冷藏柜	日 5×兴 9	230
2011 年 5 月	哈尔滨冷藏柜	日 3×兴 9	190
2011 年 5 月	哈尔滨冷藏柜	日 12×兴 9	150
2011 年 5 月	哈尔滨冷藏柜	日 5×长 78-3	180

3.小结

从2009年到2011年共低温保存杂种落叶松花粉日×兴4个组合和日×长2个组合，共2.54 kg，花粉的年年保存对下一年的授粉工作很重要，应进一步加强研究超低温保存技术。

七、讨论

由于杂种落叶松家系间和无性系间从形态学上很难区别，因此，保存人工控制授粉的杂种落叶松，一定要做好杂交时树号的标记、育苗时的标记、嫁接时的标记、上山定植时的标记、定植后的配置图。同时急需解决杂种落叶松优良家系鉴定的技术。

杂种落叶松是速生用材树种，因其具有较高的现实经济价值，人们在经济利益的驱使下，更应对保存和合理利用杂种落叶松保持清醒的认识，应有计划地开展林木种质资源的收集保存、研究利用工作。把种质资源保存纳入林业经营中，是种质资源保存工作长久坚持的关键，而其核心技术指的是滚动式发展及保存与利用相结合。

落叶松优良种质资源的选择收集和种质资源库的建立需要投入大量的人力和物力，但生产单位产生的经济效益低，而且目前优良种质资源的收集还不是非常全面，所以需要加大资金投入力度，这样才能更全面地收集保存落叶松的优良种质资源，以免造成优良种质资源的流失。

今后尚需加强种内生态型、群体和个体的保存及其遗传变异方面的研究，并加强实验室分子水平的遗传分析技术方面的应用与研究，以赶上种质资源研究方面的世界先进水平。

第四节　落叶松嫩枝扦插繁殖研究

由于落叶松种子年年减少、种间花期不遇、结实周期长等，良种成为制约落叶松人工林发展的瓶颈。通过营建自由授粉杂交种子园、人工控制杂交育种等方法都无法满足商业化生产对杂种种子的需求。无性繁殖技术的发展为杂种利用开辟了一条高效新途径，并形成了以人工控制授粉有性配置目标杂种为基础、采穗圃经营为主体、扦插繁殖利用为手段的落叶松杂种利用技术体系。但落叶松属难生根树种，不定根的形成和发育是制约规模化无性扩繁的主要因素。

一、材料与方法

1.插壤的制备

1987年在江山娇实验林场的扦插试验，土壤基质分3层，下层为河卵石和粗炉灰，中层放中等粒度的炉灰，上层（插壤）分4种，第一种的配方为粗骨土+珍珠岩+草炭土，比例是2:1:1，代号Ja；第二种的配方是珍珠岩+草炭土+菌根土，比例是6:4:1，代号Jb；第三种的配方是粗沙+草炭土+珍珠岩，比例为3:2:1，代号Jc；第四种的配方为细炉灰+草炭土，比例为4:1，代号Jd。珍珠岩、粗沙、粗骨土在上床前进行高温灭菌，插壤的pH值为5.5~7.0。

1989年采用全光喷雾扦插设备，利用自动喷雾，在全光下控制水分和温度。基质为粗沙。

2012年扦插试验的基质有3种，第一种的配方为沙子+园土+草炭土+牛粪，比例是1:1:1:1，代号Qa；第二种的配方为沙子+园土+草炭土+牛粪，比例是3:1:1:1，代号Qb；第三种的配方为沙子+园土+草炭土+牛粪，比例是6:1:1:1，代号Qc。将配制好的基质装在营养盒内，并摆放在插床上。在插床中央顺长轴方向铺设喷雾管线，使喷出的水雾恰好覆盖整个苗床，以此来控制水分和温度。扦插前2天用质量分数0.5%的高锰酸钾对基质消毒，大棚内喷施多菌灵。

2.插穗的选择

插穗采自树木中部的当年生半木质化嫩枝（6月下旬至7月上旬）。1987年的插穗采自6年生兴安落叶松试验林，1988年的插穗采自7年和9年生落叶松混合家系原株，1989年的插穗采自10年生日×长、日×兴、兴×日杂交子代林，插穗长度均为8~10 cm。

2012年插穗采自林口县青山林场全国重点林木繁育基地5~10年生长白落叶松的无病虫害、健壮的当年生半木质化嫩枝，插穗长度均为10~12 cm。

插穗采取后，即根据试验要求的小区数量分别用橡皮筋捆成小捆，再用手术刀切割插穗基部，切割后插穗长度保持 10 cm，然后重复（区组）进行生根素处理。

3.激素配制与处理

1987 年采用 5 种生根素加一个对照（水）进行试验，质量分数为 2×10^{-4}，处理时间为 2 h。1988 年选取了 1987 年的 5 种生根素，按 4 个浓度（6×10^{-4}、1×10^{-3}、2×10^{-3}、3×10^{-3}）再进行试验。1989 年采用全光雾插设备，对杂种落叶松的生根能力和组合生根素的处理效果进行了试验。试验中主要采用随机区组设计。

2012 年分别使用萘乙酸（NAA）、吲哚乙酸（IAA）和吲哚丁酸（IBA），每种激素采用 50 mg/L、100 mg/L、150 mg/L、200 mg/L 和 300 mg/L 等 5 种浓度，以清水为对照，共 13 个处理，扦插前处理插穗 30 min。

4.扦插时间及方法

扦插一般于 6 月下旬至 8 月上旬在大棚内进行。扦插前先用水浇透床面，为了扦插时株行距一致，用自制的插模在基质上打孔，扦插深度 2～4 cm，插后立即浇透水。

5.插后管理

温、湿度控制：适宜的温、湿度是插条得以生根的必不可少的条件。插后每天上午 6:00 至下午 4:00 这段时间，要每隔 5～15 min 喷雾 1 次。若遇阴雨连绵的天气，停止喷雾。白天地温一般控制在 18～30 ℃，气温 18～30 ℃，相对湿度为 80% 以上。

通风、消毒：是插后的一个重要环节。插后前 40 d 内通风时间稍短，40～60 d 内（此时已生根）应增加通风次数和时间，60 d 后全面通风，以后每隔 7～10 d 用多菌灵进行棚内消毒。

遮阴：扦插后必须进行遮阴，在阳光最强烈时，一般透光量控制在 30%～50% 为宜。

6.统计分析方法

插穗后 45 d 左右开始生根。扦插苗生根后 70 d，调查生根数、根长以及统计生根率。采用 SPSS12.0 软件进行数据统计分析，百分率采用反正弦进行数据转换。

二、结果与分析

1.基质与生根的关系

基质比例不同，保水性和透气性有所不同，都会影响插条生根率。1987年采用 4 种基质，即 Ja、Jb、Jc、Jd。插穗采自 6 年生兴安落叶松。其生根情况见表 1-29。从表 1-29 可以看出，Ja、Jb 在各项数量指标中都表现最好，尤以 Jb 最突出。方差分析结果显示，基质间的生根率、单株平均生根数差异极显著。

表 1-29　基质对兴安落叶松生根的影响

基质	生根率/%	单株平均生根数/条	单株平均生根长/cm	3 次根/%	顶芽/%
Ja	43.6	5.9	4.17	40.2	39.3
Jb	49.8	5.1	4.84	42.2	42.6
Jc	37.7	4.7	3.38	30.9	23.1
Jd	26.6	3.5	2.82	21.4	13.7

注：插穗母树选自 6 年生兴安落叶松。

1988 年对筛选出的 Ja、Jb 两种基质进行进一步试验，仍然是 Jb 优于 Ja。经 U 检验，$U=6.93>U_{0.01}2.58$（生根率）；$U=8.12>U_{0.01}2.58$（单株平均生根数）。二者在两个指标上差异均极显著。Jb 生根率和生根数之所以较高，是由于这种插壤珍珠岩的比例大、透水性良好。

插穗采自 7 年生长白落叶松。从表 1-30 可以看出，在不同基质中长白落叶松生根有着显著的差异，其中 Qa 号基质生根最差，Qc 号基质生根最好，生根率最高，达 33.36%。由此可见，沙子的比例越高，生根率也越高。

表 1-30　基质对长白落叶松生根的影响

基质	生根率/%
Qa	10.00B
Qb	27.74AB
Qc	33.36A

注：插穗母树选自 7 年生长白落叶松。

2.激素对生根的影响

激素对生根的促进作用是十分明显的。试验表明，不同激素以及同一激素不同浓度对落叶松生根的促进作用也有明显差异。

1987年，在江山娇实验林场进行了相同浓度（质量分数为2×10^{-4}）5种生根素及1个对照（水），共6种处理的随机区组扦插试验。插穗为4年生长白落叶松，重复5次，结果见表1-31。表1-31中生根率由高到低依次为ABT-2、NAA、ABT-1、ABT-3、NAA+IBA。生根素所影响的生根率与单株平均生根数间没有因果关系。

表1-31　激素对4年生长白落叶松插穗生根的影响

激素	生根率/%	单株平均生根数/条	单株平均生根长/cm	3次根/%	顶芽/%
NAA	53.0	1.1	7.29	58.2	72.6
NAA+IBA	48.5	5.6	9.37	62.5	82.9
ABT-1	49.7	5.2	10.29	71.6	78.7
ABT-2	54.9	5.8	10.60	72.2	79.1
ABT-3	48.6	5.8	9.58	66.8	82.5
水	12.7	3.0	8.22	57.0	84.9

2012年进行了相同浓度（质量分数为2×10^{-4}）3种生根素及1个对照（水），共4种处理的随机区组扦插试验。插穗为7年生长白落叶松，每个处理400株，重复3次，结果见表1-32，其中IBA生根率最高，达到53.79%，根生长较健壮。

表1-32　激素对7年生长白落叶松插穗生根的影响

激素	生根率/%
NAA	23.75
IAA	38.63
IBA	53.79
水	0

对3个杂种落叶松（日5×兴9、日5×长78-5、兴9×日76-2）分别进行生根素处理扦插试验。试验结果表明，不同激素对杂种落叶松的促生根能力不同，由表1-33可见，NAA对杂种落叶松的生根促进效果最好，平均生根率达38.2%。

不同组合的杂种落叶松，其生根能力相差很大。从表1-33可看出，日

5×长 78-5 的生根率最高；日 5×兴 9 的生根率次之；兴 9×日 76-2 的生根率最差，仅 10%。这种趋势还有待进一步试验。

表 1-33 激素对杂种落叶松插穗生根的影响

激素	生根率/%			
	日 5×兴 9	日 5×长 78-5	兴 9×日 76-2	平均值
IBA	36.0	42.5	8.0	28.8
NAA	54.0	52.5	8.0	38.2
NAA+IBA	58.0	34.0	16.0	36.0
ABT-1	50.0	40.0	16.0	35.3
ABT-2	16.0	36.0	8.0	20.0
水	4.0	20.0	4.0	9.3
平均值	36.3	37.5	10.0	27.9

三、小结与讨论

1.基质的选择

不同基质对落叶松生根率的影响有所不同。1988 年的试验中 Ja、Jb 两种基质最好，而 Jb 更优于 Ja。Jb 中珍珠岩的比例为 55%，草炭土的比例为 35.5%，菌根土的比例为 9.5%。由于珍珠岩和土的总比例几乎各占 50%，因而其透水性和保水性均较适度。2012 年的试验中 Qc 号基质最好，可见基质的透水性对生根率的影响较大。

2.生根素的选择与利用

兴安落叶松以 ABT-2、NAA 这 2 种生根素效果最好，长白落叶松以 IBA 效果最好，杂种落叶松以 NAA 效果最好。

3.杂种落叶松的生根能力

杂种落叶松的生根率因杂交组合的不同而表现出很大差异。如日 5×长 78-5 的平均生根率最高，为 37.5%，日 5×兴 9 的平均生根率次之。以兴 9 为母本，日 76-2 为父本的杂种落叶松生根率最低，仅为 10%。据此，可以这样认为，杂种落叶松的生根能力受母本的影响最大，父本的影响次之。但父本又是决定某一杂种落叶松生根能力必不可少的重要因素。当然，本试验的这种趋势还有待进一步验证。

第五节　杂种落叶松定向培育模式研究与示范

一、研究方法与数据收集

（一）研究方法

本研究以不同立地条件（江山娇实验林场、青山林场、孟家岗林场和丽林林场）、不同造林密度（2 500 株/hm²、3 300 株/hm²、4 400 株/hm²、6 600 株/hm²）、不同整地方式（揭草皮、穴状整地、高台整地和现整现造）和不同抚育方式（2:2:1、2:1:1、2:1）下的杂种落叶松为研究对象，对杂种落叶松的生长、干形、出材率、材性等方面进行了研究与分析。经过综合分析与评价，初步给出杂种落叶松合理的造林模式。

（二）数据采集

（1）1998 年在黑龙江省宁安市黑龙江省林科院江山娇实验林场，营造杂种落叶松人工林 20 hm²。实验地设计了 4 种造林密度（2 500 株/hm²、3 300 株/hm²、4 400 株/hm² 和 6 600 株/hm²）、4 种整地方式（揭草皮、穴状整地、高台整地和现整现造）和 3 种抚育方式（2:2:1、2:1:1、2:1），共计 48 块固定标准地。苗期连续 3 年观测苗高和地径，2004 年开始对样地内所有目标杂种落叶松进行每木检尺，连续观测至今。

（2）2010 年在江山娇实验林场的杂种落叶松实验林内，按照不同的造林密度选取优势木、平均木和劣势木各一株，共 12 株，做树干解析。标准木选好后，分别测量其东、南、西、北 4 个方向的树冠，伐倒后，在树干中最低主要活枝的位置来确定树冠的基部，先测定由伐根至活枝在树干上的高度，然后打去死枝丫，在全树干上标明北向，测量树的全高和相对全高的 0.02、0.04、0.06、0.08、0.1、0.2、0.25、0.3、0.4、0.5、0.6、0.7、0.75、0.8、0.9处的带皮直径。

（3）在解析木的胸高位置截取 1 m 的树干，带回实验室，分年轮测定其木材密度、纤维长度、纤维宽度及纤维素含量。

（4）2008 年在黑龙江省佳木斯市孟家岗林场营造杂种落叶松实验林 6 hm²，在黑龙江省林口县青山林场营造杂种落叶松实验林 8 hm²，在黑龙江省伊春市五营林业局丽林林场营造杂种落叶松实验林 4 hm^2，造林密度均设置为 2 500 株/hm^2、3 300 株/hm^2、4 400 株/hm^2 和 6 600 株/hm^2，连续 3 年观测苗高和地径。

二、结果与分析

（一）立地条件对杂种落叶松生长的影响

本研究选取了 4 个林场（丽林林场、青山林场、孟家岗林场和江山娇林场）营造杂种落叶松人工林，地位指数分别为 13.6、14.9、15.7 和 16.3。

1.对造林成活率的影响

对不同立地条件下杂种落叶松造林成活率及保存率进行了调查，见表 1-34。

表 1-34 不同立地条件下杂种落叶松造林成活率及保存率

	丽林	青山	孟家岗	江山娇
成活率/%	91.05	93.47	90.28	91.94
保存率/%	78.13	87.08	85.24	90.83

不同立地条件下，杂种落叶松的成活率相差不是很大，均在 90%以上，但 3 年后的保存率存在显著差异，其中地位指数最低的丽林林场只有78.13%，而立地条件最好的江山娇林场，保存率为 90.83%。

2.对地径的影响

连续 3 年对不同立地条件下杂种落叶松的地径进行了调查，计算出平均值，见表 1-35。

表 1-35 不同立地条件下杂种落叶松的平均地径

	平均地径/cm		
	第一年	第二年	第三年
丽林	0.52	0.74	1.08
青山	0.76	1.18	1.77
孟家岗	0.78	1.01	1.84
江山娇	0.84	1.36	2.33

杂种落叶松不同立地条件下的地径差异很大，立地条件最好与最差的两个林场，第一年地径就相差 0.32 cm，3 年后相差超过 1 倍。可见，立地条件的好坏直接影响杂种落叶松地径的生长。

3.对苗高生长的影响

不同立地条件下杂种落叶松 1～3 年苗高的平均值见表 1-36。

表 1-36 不同立地条件下杂种落叶松的平均苗高

	平均苗高/cm		
	第一年	第二年	第三年
丽林	25.39	72.82	114.39
青山	30.28	80.33	113.08
孟家岗	33.19	82.42	117.94
江山娇	38.71	82.99	160.26

立地条件较好的江山娇林场杂种落叶松苗高生长最快，第一年苗高达到 38.71 cm，较丽林林场、青山林场和孟家岗林场分别高出 52.46%、27.84% 和 16.63%。3 年后，丽林、青山和孟家岗三个林场的苗高差异不是很大，而江山娇林场杂种落叶松苗高的优势比较明显，高 160 cm 以上。

（二）整地方式对杂种落叶松生长的影响

1.对造林成活率的影响

对不同整地方式下杂种落叶松造林成活率及保存率进行了调查，结果见表 1-37。

表 1-37 不同整地方式下杂种落叶松造林成活率及保存率

	揭草皮	穴状整地	高台整地	现整现造
成活率/%	91.67	91.94	92.73	91.41
保存率/%	90.57	91.07	91.97	89.76

4 种整地方式下，杂种落叶松的成活率均在 91% 以上，保存率只有现整现造方式较低些，为 89.76%，其他 3 种方式均在 90% 以上，都满足了人工林的造林标准（成活率均在 90% 以上，保存率在 85% 以上）。

2.对地径的影响

造林后，前 3 年对不同整地方式下杂种落叶松的地径进行观测，计算出平均值，结果见表 1-38。

表 1-38 不同整地方式下杂种落叶松的平均地径

整地方式	平均地径/cm		
	第一年	第二年	第三年
揭草皮	0.79	1.39	2.48
穴状整地	0.86	1.55	2.75
高台整地	0.93	1.52	2.65
现整现造	0.81	1.22	2.20

表 1-38 中，高台和穴状两种整地方式对杂种落叶松幼龄期间的地径生长起到了极大的推进作用，第一年的观测数据显示，高台整地方式下的平均地径最大，为 0.93 cm；揭草皮方式下的平均地径最小，只有 0.79 cm；穴状整地和现整现造两种方式居中。造林 3 年后（2000 年），穴状整地方式下杂种落叶松的地径生长较快，超过了高台整地方式，成为 4 种整地方式中地径最大的，达到 2.75 cm；现整现造为 4 种方式中平均地径最小的，只有 2.20 cm，较穴状整地方式低了 0.55 cm。

3.对苗高生长的影响

不同整地方式下杂种落叶松 1~3 年苗高的平均值见表 1-39。

表 1-39　不同整地方式下杂种落叶松的平均苗高

整地方式	平均苗高/cm		
	第一年	第二年	第三年
揭草皮	34.36	77.18	109.34
穴状整地	37.60	78.58	115.55
高台整地	38.14	83.39	114.23
现整现造	34.11	71.07	95.23

造林 1 年后，高台和穴状整地方式下，杂种落叶松的苗高生长较好，分别为 38.14 cm 和 37.60 cm，现整现造与揭草皮两种整地方式的苗高生长较差，分别只有 34.11 cm 和 34.36 cm。3 年后，现整现造方式下苗高生长的劣势更加明显，只有 95.23 cm，较另外 3 种方式要低 20 cm 左右。

4.对平均胸径的影响

连续 9 年对不同整地方式下杂种落叶松的胸径进行调查，求得平均胸径见表 1-40。

表 1-40　不同整地方式下杂种落叶松的平均胸径

整地方式	平均胸径/cm								
	2004	2005	2006	2007	2008	2009	2010	2011	2012
揭草皮	5.0	6.2	7.3	8.2	8.7	9.6	10.3	10.8	10.9
穴状整地	5.2	6.4	7.4	8.3	8.8	9.5	10.2	10.6	10.8
高台整地	4.9	6.0	7.0	7.9	8.4	9.1	9.7	10.1	10.4
现整现造	4.4	5.6	6.5	7.5	8.1	8.9	9.5	10.0	10.1

表 1-40 中，揭草皮和穴状整地两种方式下的杂种落叶松生长得最好，连续 9 年调查的平均胸径均高于另两种方式，2012 年的平均胸径分别为 10.9 cm

和 10.8 cm，较高台和现整现造整地方式的 10.4 cm 和 10.1 cm 要高出 0.5 cm 以上。揭草皮方式在杂种落叶松幼龄时，对其苗高生长量及地径的作用都不是很明显，但随着幼树的生长，效果越来越显著。

5.方差分析

对不同整地方式下杂种落叶松第 1~3 年的苗高生长量及地径和第 7~15 年的平均胸径做方差分析，结果如表 1-41。

表 1-41　不同整地方式下各指标方差分析结果

	F 值											
	1998	1999	2000	2004	2005	2006	2007	2008	2009	2010	2011	2012
地径	9.313*	18.500*	14.476*									
苗高生长量	9.804*	3.655*	16.253*									
胸径				44.01*	31.06*	33.60*	25.36*	75.46*	69.10*	62.69*	55.31*	59.18*

由方差分析的结果来看，整地方式对杂种落叶松苗高、地径及平均胸径都有显著的影响，影响效果均在 0.05 水平上显著。进一步做 LSD 多重比较得出，在造林初期，穴状和高台两种整地方式下，杂种落叶松的地径和苗高生长量都与另两种整地方式有显著差异。随着林龄的增加，揭草皮方式下杂种落叶松生长势头越来越好，到目前为止，揭草皮和穴状两种整地方式下杂种落叶松的平均胸径明显超过高台和现整现造两种整地方式。

（三）抚育方式对杂种落叶松生长的影响

本研究采用的抚育方式为林木抚育和林地抚育相结合，抚育 3 年，第一年第一次进行扩穴、培土、扶正、踏实，第二次行状或穴状除草。第二年第一次进行除草、培土，第二次行状除草。第三年一次带状除草割灌。试验设计了 3 种抚育方式：2:2:1、2:1:1 和 2:1。

1.对造林成活率的影响

对不同抚育方式下杂种落叶松造林成活率及保存率进行了调查，结果见表 1-42。

表 1-42　不同抚育方式下杂种落叶松造林成活率及保存率

	2:1	2:1:1	2:2:1
成活率/%	86.86	88.89	92.37
保存率/%	82.48	88.19	91.60

由表 1-42 可以看出：3 种抚育方式中，只有 2:2:1 方式下的造林成活率超过了 90%，另两种方式均没有达到人工林的造林要求；2:1 方式下杂种落叶松的保存率仅有 82.48%，没有达到 85% 的造林要求，2:1:1 和 2:2:1 两种方式均达到造林要求。3 种方式的造林成活率及保存率为 2:2:1>2:1:1>2:1。

2. 对地径的影响

对不同抚育方式下杂种落叶松的地径进行调查，求得平均数，见表 1-43。

表 1-43　不同抚育方式下杂种落叶松的平均地径

抚育方式	平均地径/cm		
	第一年	第二年	第三年
2:1	0.86	1.43	2.43
2:1:1	0.80	1.36	2.46
2:2:1	0.90	1.50	2.70

造林后，3 种抚育方式前一年均进行了两次抚育，没有较大差别，2:2:1 方式下的杂种落叶松生长得最好，平均地径 0.90 cm；2:1 方式略低些，为 0.86 cm，2:1:1 方式下的杂种落叶松地径最低，只有 0.80 cm。后两年，杂种落叶松幼苗的生长发生了变化，但还是 2:2:1 方式下生长得最好，其次是 2:1:1，最差的是 2:1，分别为 2.70 cm、2.46 cm 和 2.43 cm。

3. 对苗高生长的影响

不同抚育方式下杂种落叶松第 1~3 年的苗高平均值见表 1-44。

表 1-44　不同抚育方式下杂种落叶松的平均苗高

抚育方式	平均苗高/cm		
	第一年	第二年	第三年
2:1	36.72	78.82	107.01
2:1:1	35.10	75.18	106.55
2:2:1	36.29	78.06	110.14

3 种抚育方式中，2:1:1 方式下杂种落叶松的苗高生长量在连续 3 年的观测中均为最低，第三年的苗高生长量也只有 106.55 cm；2:1 方式次之，为 107.01 cm；2:2:1 最好，达到 110.14 cm。

4. 对平均胸径的影响

连续 9 年对不同抚育方式下杂种落叶松的胸径进行调查，求得平均胸径见表 1-45。

表 1-45　不同抚育方式下杂种落叶松的平均胸径

抚育方式	平均胸径/cm								
	2004	2005	2006	2007	2008	2009	2010	2011	2012
2:1	4.47	5.64	6.61	7.50	8.05	8.79	9.47	9.89	10.05
2:1:1	4.90	6.11	7.08	7.98	8.50	9.24	9.88	10.32	10.49
2:2:1	4.94	6.13	7.08	7.95	8.48	9.21	9.85	10.28	10.46

从表 1-45 中可以看出，3 种抚育方式中，2:1 方式下杂种落叶松的平均胸径比较低，2:1:1 和 2:2:1 抚育方式比较好，较 2:1 方式高出 0.4 cm 以上。因为在杂种落叶松的生长初期，林地内杂草的竞争和土壤的物理、化学性质都会对其生长造成影响，相应的抚育方式能够为其生长提供良好的环境。

5.方差分析

对不同抚育方式下杂种落叶松第 1~3 年的苗高生长量及地径以及 7~15 年的平均胸径做方差分析，结果如表 1-46。

表 1-46　不同抚育方式下各指标方差分析结果

	F 值											
	1998	1999	2000	2004	2005	2006	2007	2008	2009	2010	2011	2012
地径	7.88*	4.85*	6.60*									
苗高生长量	0.732	6.04*	5.92*									
胸径				14.55*	10.33*	5.77*	4.22*	18.95*	14.23*	8.04*	6.74*	5.37*

由方差分析的结果可以看出，3 种抚育方式对第一年杂种落叶松苗高生长量的影响差异不大，F 值只有 0.732，因为在第一年，3 种抚育方式都进行了 2次相同的抚育。接下来的 2 年，抚育方式无论是对杂种落叶松苗高生长量还是对地径，影响都很大，F 值均大于 2.60，说明抚育方式对其影响在 0.05 水平上效果显著。在 2004—2012 年间，抚育方式对杂种落叶松胸径的影响效果都比较显著，进行多重比较之后，发现 2:1:1 和 2:2:1 两种抚育方式之间差异不显著，而对 2:1 抚育方式下杂种落叶松的生长有显著影响。

（四）林分密度对杂种落叶松生长的影响

1.对造林成活率及保存率的影响

新造幼林经过一个完整生长季后要进行成活率调查。成活率调查采用标准地或标准行的方法，随机抽样。成活株数占检查总株数的百分比即为成活率。3~5 年后，要对造林面积保存率、造林密度保存率、经营和林木生长情况进行调查，单位面积保留株数与造林密度的百分比为保存率。

对不同密度下杂种落叶松的造林成活率及保存率的计算结果如表 1-47。

表 1-47　不同密度杂种落叶松造林成活率及保存率

	2 500 株/hm²	3 300 株/hm²	4 400 株/hm²	6 600 株/hm²
成活率/%	92.71	89.32	92.91	92.39
保存率/%	92.10	87.62	92.32	91.58

由表 1-47 可以看出，3 300 株/hm² 的成活率较低些，只有 89.32%，而其他 3 种密度成活率均在 92% 以上；4 种密度的保存率较成活率都有不同程度的下降，3 300 株/hm² 的保存率最低，只有 87.62%。造林的成活率与保存率会对林分的总蓄积造成一定的影响。

2. 杂种落叶松的胸径生长

杂种落叶松人工林主要是同龄林，其空间结构虽不像天然林、混交林那样复杂，但在杂种落叶松和环境之间以及杂种落叶松各个体之间相互作用中仍有它们独特的发展规律。掌握这些规律就能在林分生长过程中科学地进行调控，以形成合理的群体结构，使各个体得到正常生长发育，充分利用空间，实现持续经营的丰产目标。

（1）杂种落叶松胸径生长情况。

杂种落叶松的平均胸径随着林龄的增加而增大，在 6~14 年，杂种落叶松的平均胸径增加了 5.89 cm（图 1-4），平均生长量为 0.74 cm（图 1-5）。用 Richards 方程对杂种落叶松的平均胸径和林龄进行拟合，得到方程：

$$Y = 22.583\ 8 \times [1 - \exp(-0.066\ 8 \times A)]^{1.354\ 6}$$

式中，Y 为平均胸径（cm）；

A 为林龄（年）。

回归方程的相关系数达到了 0.993 5，说明拟合效果较好。

杂种落叶松在 6~9 年时，胸径的平均生长量小于连年生长量，在 9 年时，胸径的平均生长量达到了生长高峰，年平均生长量达到了 0.86 cm；在 6~14 年时，杂种落叶松的连年生长量逐年降低，7 年时为最大，达到了 1.19 cm。

杂种落叶松胸径连年生长量的变化反映了林木对空间的需求，可以作为间伐的标准，在适当的时候进行抚育。

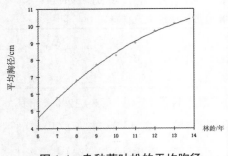

图 1-4　杂种落叶松的平均胸径

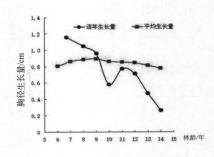

图 1-5　杂种落叶松的胸径生长量

（2）造林密度对杂种落叶松胸径生长的影响。

胸径是密度对产量效应作用的基础，林分郁闭后，树木之间开始对阳光、养分等进行竞争，这时林分密度就会影响树木的生长。本研究的对象为 14 年杂种落叶松，林分已经郁闭，图 1-6 显示造林密度越大，其平均胸径越小。方差分析表明，从 6~14 年，不同造林密度下杂种落叶松的平均胸径之间都有显著差异，且达到极显著水平。经 LSD 检验，林龄 6 年时，造林密度为 2 500 株/hm²、3 300 株/hm² 与 4 400 株/hm² 的平均胸径之间差异不显著，而 2 500 株/hm² 和 3 300 株/hm² 与 6 600 株/hm² 之间的差异达到了显著水平，即 2 500^a、3 300^a、4 400^{ab}、6 600^b；林龄 7 年时，2 500 株/hm²、3 300 株/hm² 与 4 400 株/hm² 的平均胸径之间差异仍不显著，与 6 600 株/hm² 的差异均达到了显著水平，即 2 500^a、3 300^a、4 400^a、6 600^b；林龄 8 年时，2 500 株/hm² 和 3 300 株/hm² 之间的差异不显著，3 300 株/hm² 和 4 400 株/hm² 之间的差异也不显著，但与 6 600 株/hm² 的差异都达到了显著水平，即 2 500^a、3 300^{ab}、4 400^b、6 600^c；林龄 9~13 年时，除 2 500 株/hm² 和 3 300 株/hm² 之间的差异不显著外，其他密度之间的差异都达到显著水平，即 2 500^a、3 300^a、4 400^b、6 600^c；林龄 14 年时，4 种造林密度相互之间的差异都达到显著水平，即 2 500^a、3 300^b、4 400^c、6 600^d。说明杂种落叶松林木之间的竞争越来越激烈，尤其是 6 600 株/hm² 的林分，密度极大地限制了林木的生长，需要及时对林分进行间伐。

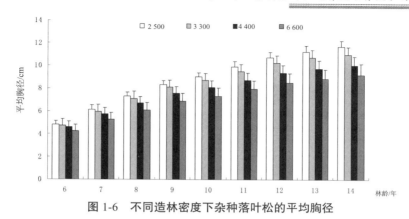

图 1-6 不同造林密度下杂种落叶松的平均胸径

杂种落叶松胸径的平均生长量与造林密度有着密切的关系，从图 1-7 可以看出，造林密度越大，胸径的平均生长量就越低。6 600 株/hm² 的平均生长量较 2 500 株/hm² 平均低 18.02%，较 3 300 株/hm² 平均低 14.91%，较 4 400 株/hm² 平均低 8.89%。在杂种落叶松的生长初期，杂种落叶松胸径的平均生长量是随着林龄的增大而增大的，在林龄 9 年时达到最大，之后，随着林龄的增加，平均生长量逐渐减小，密度越大，减小得越明显。

杂种落叶松胸径的连年生长量随着造林密度的增大而逐渐减小。2 500 株/hm²、3 300 株/hm² 和 4 400 株/hm² 的连年生长量分别较 6 600 株/hm² 平均高出 41.07%、24.59% 和 8.07%。在林龄 10 年时，各密度林分的连年生长量都比较低，与其他年份的生长不成规律，这是由于 2008 年（即林龄 10 年）黑龙江省大部分地区夏季干旱缺雨，严重影响了林木当年的生长量。

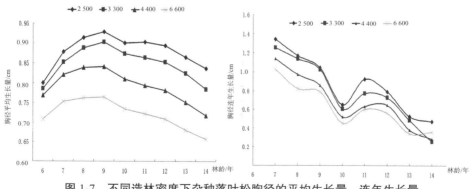

图 1-7 不同造林密度下杂种落叶松胸径的平均生长量、连年生长量

（3）造林密度对杂种落叶松直径分布的影响。

密度对直径生长的作用还表现在直径分布上，直径分布是研究林木及其树种结构的基础，在林分生长量、产量测定工作中起着重要的作用。根据杂种落叶松固定标准地的样地资料，对不同造林密度的胸径按径阶进行频数统计。从图1-8至图1-11可以看出，不同造林密度的杂种落叶松林分，其直径分布近似遵从正态分布，分布曲线随着林分年龄的增加而变化，林龄较小时，正态分布曲线的偏度为左偏，其峰度为正值，随着年龄的增加，林分的平均直径逐渐增大，直径正态分布曲线的偏度由大变小，峰度也由大变小，到目前林分的年龄(14年)，杂种落叶松各密度林分的直径分布已经接近正态分布。但正态分布曲线的峰度随着造林密度的增加而减小，也就是说，造林密度小的林分（2 500株/hm² 和3 300株/hm²），平均胸径附近的株数比较大，径阶分布范围比较小，2 500株/hm² 的林分14年的杂种落叶松径阶在10~14 cm的株数占林分总数的73.03%，3 300株/hm² 的林分，径阶在8~14 cm的株数占林分总数的81.11%；而4 400株/hm² 和6 600株/hm² 的林分，平均胸径较小，左右两边3个径阶的株数也都比较多，即径阶分布离散程度大。

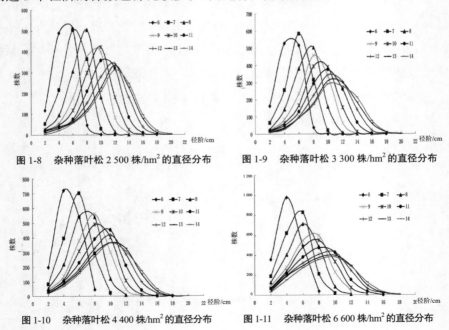

图1-8　杂种落叶松2 500株/hm² 的直径分布　　图1-9　杂种落叶松3 300株/hm² 的直径分布

图1-10　杂种落叶松4 400株/hm² 的直径分布　　图1-11　杂种落叶松6 600株/hm² 的直径分布

描述同龄纯林直径分布的概率密度函数最典型的为正态分布。用 Statistica 软件对 2011 年调查的 4 种造林密度胸径资料的分布情况进行正态分布模拟。表 1-48 显示的是标准地胸径资料的频数统计与正态分布拟合后期望频数的统计，由观察值和期望值的差值可以看出杂种落叶松的直径分布呈正态分布，而且拟合效果比较好。

表 1-48 不同密度直径结构正态分布拟合情况

造林密度/（株/hm²）		径阶/cm									
		2	4	6	8	10	12	14	16	18	20
2 500	实际	3	20	56	110	209	312	248	95	0	3
	拟合	1	5	25	87	193	277	257	154	0	15
3 300	实际	8	27	94	171	292	277	213	78	3	2
	拟合	2	12	51	138	249	300	239	127	5	0
4 400	实际	18	68	155	271	365	309	174	49	4	1
	拟合	7	30	103	231	345	342	225	98	28	5
6 600	实际	31	153	276	358	382	290	130	32	7	0
	拟合	22	72	189	338	411	340	192	74	19	0

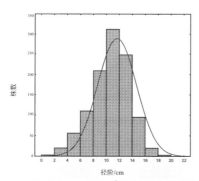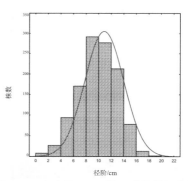

图 1-12 密度为 2 500 株/hm² 胸径正态分布图 图 1-13 密度为 3 300 株/hm² 胸径正态分布图

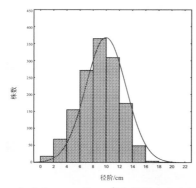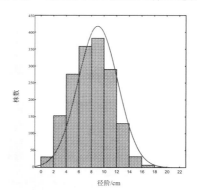

图 1-14 密度为 4 400 株/hm² 胸径正态分布图 图 1-15 密度为 6 600 株/hm² 胸径正态分布图

杂种落叶松 4 种密度的正态分布理论曲线拟合都很好，与实际分布非常吻合，由柯尔莫诺夫-斯米尔诺夫检验，得到的 P 值均为 0.000 00，小于 0.05，表明拟合优度良好（图 1-12 至图 1-15）。

3. 杂种落叶松的树高生长

（1）杂种落叶松树高生长情况。

杂种落叶松的平均树高随着林龄的增加而增大，在 7~14 年，杂种落叶松的平均树高增加了 4.18 m，平均生长量为 0.59 m（图 1-16）。用 Richards 方程对杂种落叶松的树高和林龄进行拟合，得到方程：

$$Y=30.897\ 1 \times [1 - \exp（-0.019\ 99 \times A）]^{0.811\ 0}$$

式中，Y 为树高（m）；

A 为林龄（年）。

回归方程的相关系数达到了 0.992 6，说明拟合效果较好。

从图 1-17 中可以看出，杂种落叶松树高的平均生长量在 8 年时达到最大，达到了 0.85 m，此后逐年下降。杂种落叶松树高的连年生长量变化幅度较大，这与生长当年的气候条件有关，但总体趋势是从观测至今逐年下降，最大值为 7 年时树高生长量为 1.05 m。

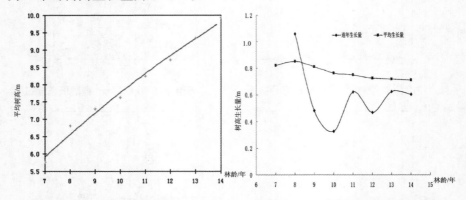

图 1-16　杂种落叶松的树高生长量　　　图 1-17　杂种落叶松的树高生长曲线

（2）造林密度对杂种落叶松树高生长的影响。

杂种落叶松的优势高与平均高都随着林龄的增加而增大。方差分析显示，不同造林密度之间杂种落叶松的优势高与平均高差异不显著，优势高和平均高随造林密度的变化规律不明显（图1-18，图1-19）。这是因为林分的优势高和平均高的差异主要是由立地条件的不同引起的，受林分密度的影响比较小，只有在过密或过稀的林分中，密度才会对平均高有影响，而在相当宽的一个中等密度范围内，密度对高生长几乎不起作用。

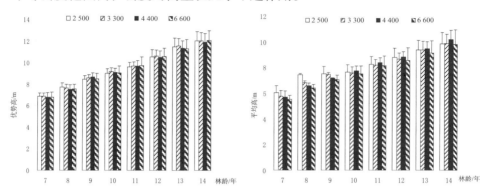

图1-18　不同造林密度下杂种落叶松的优势高　图1-19　不同造林密度下杂种落叶松的平均高

4.杂种落叶松的胸高断面积

（1）杂种落叶松断面积生长情况。

杂种落叶松的平均断面积也是随着林龄的增加而增大的，在6~14年，杂种落叶松的平均断面积增加了19.78 m²/hm²，平均生长量为2.47 m²/hm²。杂种落叶松断面积的平均生长量是在逐年增加的，在13年时最大，达到1.87 m²/hm²。断面积的连年生长量在10年时较低，这是由于当年黑龙江省大部分地区夏季干旱缺雨，严重影响了林木当年的生长量。从整体上看，连年生长量还是呈下降趋势的，14年时断面积的连年生长量只有0.82 m²/hm²（图1-20）。

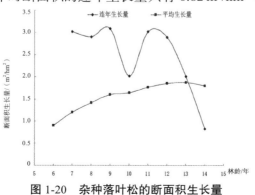

图1-20　杂种落叶松的断面积生长量

（2）造林密度对杂种落叶松断面积的影响。

杂种落叶松的每公顷断面积随着林龄的增加而增大，在 6~9 年时，造林密度小的林分，其每公顷断面积稍低一些，因为林分还没郁闭，树木之间的竞争还不是很激烈。密度大的林分（4 400 株/hm² 和 6 600 株/hm²）林木胸径的生长低于小密度林分（2 500 株/hm² 和 3 300 株/hm²），但由于株数较多，所以每公顷蓄积还是比较高的（图 1-21）。但随着林龄的增加，林木间的竞争越来越激烈，大密度林分林木株数逐渐减少，而密度小的林分林木胸径生长迅速，所以每公顷断面积超过了有株数优势的林分。方差分析结果显示，造林密度对杂种落叶松每公顷断面积的影响差异不显著。

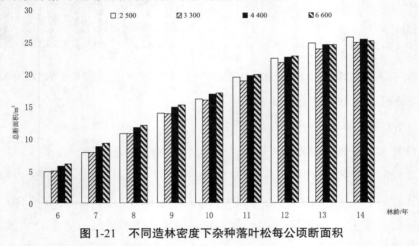

图 1-21　不同造林密度下杂种落叶松每公顷断面积

5. 杂种落叶松的材积生长

（1）杂种落叶松单株材积生长情况。

杂种落叶松的平均单株材积随着林龄的增加而增大，14 年时杂种落叶松的平均单株材积为 0.030 3 m³。杂种落叶松单株材积的平均生长量随着林龄的增加而增加，14 年时杂种落叶松单株材积的平均生长量为 0.001 77 m³。杂种落叶松单株材积的连年生长量虽有波动，但还是呈现上升趋势，13 年的连年生长量最大，达到了 0.003 674 m³（图 1-22）。

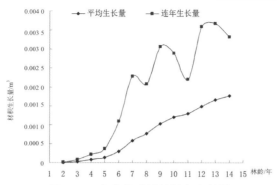

图 1-22　杂种落叶松的材积生长量

（2）造林密度对杂种落叶松单株材积的影响。

4 种造林密度杂种落叶松林分的优势木、平均木和劣势木各选取 3 株做解析木，用 Forstat 软件进行材积计算，结果显示，杂种落叶松平均木和优势木的平均单株材积随着造林密度的增加而降低，也就是说，密度越大，其单株材积越小；反之，密度越小，单株材积越大。劣势木的平均单株材积规律不明显，这是因为选取劣势木时，去掉了林分中濒死木的数据，选择胸径在 6 cm左右的林木作为林分的劣势木，所以各密度之间差别不显著。方差分析表明，造林密度对林分的平均单株材积影响差异显著，而对林分中的劣势木和优势木影响差异不显著（表 1-49）。

表 1-49　不同造林密度下杂种落叶松的单株材积

造林密度/（株/hm²）		单株材积/m³			平均单株材积/m³
		样木 1	样木 2	样木 3	
2 500	劣势木	0.006 84	0.006 12	0.010 52	0.007 83
	平均木	0.030 68	0.034 40	0.043 05	0.036 04
	优势木	0.071 59	0.091 00	0.111 91	0.091 50
3 300	劣势木	0.008 81	0.009 69	0.012 34	0.010 28
	平均木	0.032 55	0.037 60	0.030 32	0.033 49
	优势木	0.059 47	0.076 60	0.123 73	0.086 60
4 400	劣势木	0.006 89	0.009 16	0.012 34	0.009 46
	平均木	0.031 28	0.032 49	0.031 45	0.031 74
	优势木	0.057 34	0.085 24	0.123 73	0.088 77
6 600	劣势木	0.006 88	0.009 91	0.012 28	0.009 69
	平均木	0.027 62	0.029 23	0.031 01	0.029 29
	优势木	0.065 69	0.068 55	0.106 18	0.080 14

（3）造林密度对杂种落叶松林分蓄积的影响。

对 13 年杂种落叶松采用平均标准木法求林分的蓄积，公式为：

$$M = \sum_{i=1}^{n} V_i \frac{G}{\sum_{i=1}^{n} g_i}$$

式中，n 为标准木株数；

V_i、g_i 为第 i 株标准木的材积及断面积（m^3，m^2/hm^2）；

G 和 M 为标准地或林分的总断面积与蓄积（m^2/hm^2，m^3/hm^2）。

造林密度对林分蓄积量的影响情况较为复杂。总的来说，在相当大的一个密度范围内，密度大的林分蓄积量要大些，密度小的林分蓄积量要小些，这个规律又依林分年龄的不同而有所变化。

4 种造林密度中，4 400 株/hm^2 的林分蓄积量最大，达到了 139.07 m^3/hm^2，2 500 株/hm^2 和 6 600 株/hm^2 相差不大，分别为 135.77 m^3/hm^2 和 134.28 m^3/hm^2。而 3 300 株/hm^2 的林分蓄积量较小，这是由于造林、抚育或其他原因，造成密度为 3 300 株/hm^2 的初始密度不够，使林分的保留株数过少，所以蓄积量较其他三个密度要小一些。方差分析结果表明，2 500 株/hm^2、4 400 株/hm^2 和 6 600 株/hm^2 的林分蓄积量之间差异不显著，与 3 300 株/hm^2 的差异较大（表 1-50）。

表 1-50　不同造林密度下杂种落叶松的林分蓄积

造林密度/ （株/hm^2）	平均高/ m	平均胸径/ cm	保留株数/ （株/hm^2）	断面积/ （m^2/hm^2）	蓄积/ （m^3/hm^2）
2 500	9.84 ± 0.88	11.7 ± 0.5	2 314	25.61	135.77
3 300	9.87 ± 0.73	10.9 ± 0.7	2 467	24.76	122.81
4 400	10.19 ± 0.71	10.0 ± 0.8	3 040	25.26	139.07
6 600	9.93 ± 1.11	9.2 ± 1.0	3 667	25.04	134.28

6. 造林密度对杂种落叶松冠幅的影响

本研究分别对不同造林密度下杂种落叶松的优势木、平均木和劣势木的冠幅进行了测量，结果显示，优势木、平均木和劣势木的冠幅均随造林密度的增大而减小。造林密度为 2 500 株/hm^2 的林分，林木的冠幅最大，劣势木分别较 3 300 株/hm^2、4 400 株/hm^2 和 6 600 株/hm^2 高出 14.29%、37.14% 和 51.90%，平均木高出 50.00%、74.57% 和 89.25%，优势木高出 32.11%、44.75% 和 93.80%（表 1-51）。方差分析结果表明，造林密度对杂种落叶松冠幅的影响有显著差异（$p<0.05$）。

表 1-51 不同造林密度杂种落叶松的冠幅

造林密度/	冠幅/m		
（株/hm²）	劣势木	平均木	优势木
2 500	2.40	4.05	4.69
3 300	2.10	2.70	3.55
4 400	1.75	2.32	3.24
6 600	1.58	2.14	2.42

7.杂种落叶松干形控制的研究

林学家们提出了许多干形指标及模型，并且进行了多方面的研究，但大多偏重于理论研究，在实践中的应用则涉及较少，对林木干形与经营措施的关系研究则更少。本书通过研究初植密度对林木形数、形率的影响，从而掌握了林分密度与干形的变化规律，以期为杂种落叶松的经营确定合理密度提供依据，同时为经营措施对林木干形的影响研究提供参考。

（1）数据的处理方法。

①单株材积计算方法。

杂种落叶松单株材积按照下面公式进行计算。

$V_{总} = \pi/40\,000 \times (d_0^2/4 + d_{0.5}^2/2 + 3d_1^2/4 + d_2^2 + d_3^2 + d_4^2 + d_5^2 + d_6^2 + d_7^2 + d_8^2 + 5d_9^2/6) \times H/10$

式中，d_i（i=0，0.5，1，2，…，9）分别表示 0，0.5/10H，1/10H，2/10H，…，9/10H 处的直径（cm）；

H 为树高（m）；

V 为材积（m³）；

π 取 3.1415926。

②形数。

胸高形数：树干材积与比较圆柱体体积之比称为形数，以胸高断面积为比较圆柱体的横断面的形数为胸高形数，表达式为：

$$f_{1.3} = \frac{V}{g_{1.3}h} = \frac{V}{\frac{\pi}{4}d^2_{1.3}h}$$

式中，V 为树干材积；

$f_{1.3}$ 为胸高形数；

$g_{1.3}$ 为胸高断面积（m^2/hm^2）；

$d_{1.3}$ 为胸径（cm）；

h 为全树高（m）。

正形数：以树干材积与树干某一相对高处的比较圆柱体的体积之比，表达式为：

$$f_n = \frac{V}{g_n h}$$

式中，V 为树干材积（m^3）；

h 为全树高（m）；

f_n 为树干在相对高 nh 处的正形数；

g_n 为树干在相对高 nh 处的横断面积（m^2/hm^2）；

n 为小于 1 的正数，以 nh 表示这一相对位置。

实验形数：以胸高断面积为比较圆柱体的横断面，其高度为树高加 3 m。表达式为：

$$f_{\mathfrak{z}} = \frac{V}{g_{1.3}(h+3)}$$

式中，V 为树干材积（m^3）；

$f_{\mathfrak{z}}$ 为实验形数；

$g_{1.3}$ 为胸高断面积（m^2/hm^2）；

h 为全树高（m）。

③形率。

希费尔形率系列：树干上某一位置的直径与比较直径之比称为形率，树干基部各 1/4、1/2、3/4 高处的直径与胸径 $d_{1.3}$ 之比，公式为：

$$q_0 = \frac{d_0}{d_{1.3}} \quad q_1 = \frac{d_{1/4}}{d_{1.3}} \quad q_2 = \frac{d_{1/2}}{d_{1.3}} \quad q_3 = \frac{d_{3/4}}{d_{1.3}}$$

正形率系列：把树干分成 10 段，并用 0、0.1、0.2，…，0.9 树高处的直径分别与 $d_{0.1}$ 相比，得到正形率系列，表达式为：

$$q_n = \frac{d_n}{d_{0.1}}$$

绝对形率:树梢到胸高这一段树干的 1/2 处直径 $d_{1/2(h-1.3)}$ 与胸径 $d_{1.3}$ 之比。

（2）造林密度对形数的影响。

3 种形数中，胸高形数的变异系数最大，达到 0.071 185，实验形数次之，正形数的变异系数较小，相对比较稳定。这说明利用正形数描述的杂种落叶松的树干接近于以立木 $0.1H$ 处断面积为底面积、以树高为高的圆柱体。

4 400 株/hm² 和 6 600 株/hm² 的胸高形数要比小密度林分大些，说明在胸径和树高一定时，4 400 株/hm² 和 6 600 株/hm² 林分的树干越饱满，树干材积与比较圆柱体的体积相差就越小；反之，密度小的林分（2 500 株/hm² 和 3 300 株/hm²），胸高形率较小，树干的尖削度越大，树干材积与比较圆柱体的体积相差就越大（表 1-52）。

不同的造林密度下，杂种落叶松的正形数之间有显著差异。密度为 2 500 株/hm² 的正形数最小，4 400 株/hm² 的正形数最大，但都在 0.412 左右[由正形数公式和孔兹干曲线 $y^2 = Px^r$ 导出 $f_n = \dfrac{1}{r+1}\left(\dfrac{1}{1-n}\right)^r$，即当 r=2，n=0.1 时，f_n=0.412]，也就是说，4 种造林密度的杂种落叶松的干形均为圆锥体（表 1-52）。

密度为 2 500 株/hm² 林分的实验形数也是 4 种造林密度中最小的，平均为 0.397，实验形数最大的是密度为 4 400 株/hm² 的林分，方差分析结果表明，4 400 株/hm² 杂种落叶松的实验形数与 2 500 株/hm² 和 3 300 株/hm² 存在显著差异（表 1-52）。

表 1-52　不同造林密度杂种落叶松的形数

造林密度/（株/hm²）		胸高形数	正形数	实验形数
2 500	劣势木	0.53	0.38	0.38
	平均木	0.53	0.40	0.40
	优势木	0.52	0.41	0.41
3 300	劣势木	0.57	0.39	0.39
	平均木	0.54	0.40	0.40
	优势木	0.53	0.41	0.41
4 400	劣势木	0.60	0.44	0.44
	平均木	0.59	0.44	0.44
	优势木	0.53	0.43	0.43
6 600	劣势木	0.62	0.43	0.43
	平均木	0.59	0.45	0.46
	优势木	0.49	0.40	0.40

（3）造林密度对形率的影响。

从正形率系列来看，树干体积主要部分的形率（$q_{0.7}$以下各q_n）变动系数均小于10%，而且，$q_{0.1}$~$q_{0.6}$的变动系数是逐渐增大的，说明干下部构成树干体积比重大的部分，形率的变动系数越小，稳定性相对越高，因此用正形率描述干形有一定的可信性。杂种落叶松正形率的变动系数从$q_{0.7}$开始明显增大，达到了13.91%，说明杂种落叶松在其树高的0.7H以上时，干形发生了显著的变化，即尖削度变大。希费尔形率也可以说明，q_3的变动系数也达到了17.39%。杂种落叶松的绝对形率有随着胸径的增大而减小的趋势。

密度为4 400株/hm^2的林分，其绝对形率最大，平均值为0.76，而2 500株/hm^2林分的绝对形率最小，平均值为0.72；从希费尔形率系列来看，3 300株/hm^2林分的q_0最大，6 600株/hm^2的最小，4 400株/hm^2林分的q_1、q_2、q_3都是4种密度中最大的；在正形率系列中，3 300株/hm^2林分的$q_{0.0}$、$q_{0.1}$和 $q_{0.2}$最大，从$q_{0.3}$至$q_{0.9}$，造林密度为4 400株/hm^2的林分都是最大的。方差分析结果表明，不同造林密度下，杂种落叶松的形率之间不存在显著差异（表1-53）。

表1-53 不同造林密度杂种落叶松的形率

造林密度/（株/hm^2）		希费尔形率系列				正形率系列										绝对形率
		q_0	q_1	q_2	q_3	q_0	$q_{0.1}$	$q_{0.2}$	$q_{0.3}$	$q_{0.4}$	$q_{0.5}$	$q_{0.6}$	$q_{0.7}$	$q_{0.8}$	$q_{0.9}$	
2 500	劣势木	1.25	0.90	0.67	0.38	1.19	1.00	0.94	0.84	0.73	0.63	0.56	0.41	0.30	0.14	
	平均木	1.22	0.92	0.74	0.36	1.22	1.00	0.94	0.92	0.82	0.74	0.59	0.44	0.27	0.13	0.72
	优势木	1.30	0.92	0.66	0.37	1.25	1.00	0.91	0.84	0.76	0.63	0.57	0.38	0.24	0.11	
3 300	劣势木	1.31	0.95	0.73	0.39	1.23	1.00	0.95	0.83	0.76	0.68	0.59	0.42	0.32	0.18	
	平均木	1.38	0.93	0.68	0.36	1.35	1.00	0.94	0.87	0.78	0.66	0.55	0.43	0.30	0.13	0.74
	优势木	1.26	0.94	0.70	0.27	1.25	1.00	0.97	0.89	0.79	0.69	0.61	0.40	0.16	0.11	
4 400	劣势木	1.26	1.00	0.79	0.51	1.20	1.00	0.95	0.87	0.82	0.75	0.67	0.52	0.32	0.20	
	平均木	1.21	0.94	0.80	0.47	1.21	1.00	0.94	0.92	0.91	0.80	0.72	0.57	0.38	0.24	0.76
	优势木	1.30	0.94	0.73	0.36	1.28	1.00	0.96	0.90	0.77	0.72	0.58	0.41	0.20	0.12	
6 600	劣势木	1.33	0.95	0.78	0.42	1.19	1.00	0.90	0.81	0.73	0.70	0.60	0.52	0.30	0.15	
	平均木	1.19	0.99	0.81	0.47	1.15	1.00	0.97	0.91	0.84	0.78	0.64	0.49	0.39	0.23	0.75
	优势木	1.18	0.92	0.66	0.32	1.17	1.00	0.97	0.86	0.77	0.66	0.50	0.38	0.26	0.11	

8.杂种落叶松材种出材率的研究

（1）削度方程的拟合。

所谓削度是指直径随高度的增加而变细的缓急程度，其数学表达式称削度方程。在林业上，通常把削度一词理解为树干形状之意，因此，削度方程亦常称干曲线方程。它的主要功能是：估计树干任意处的直径和计算树干总材积；计算从伐根高度至任意小头直径的商品材积和长度；推算各段原本的材积及不同材种出材率。

根据江山娇实验林场杂种落叶松人工林的干形数据，采用非线性回归模型的参数估计方法拟合以下各削度方程，通过初步分析和筛选，本次编表选择了拟合精度较高的以下 4 个可变参数削度方程作为备选模型。

模型 1 ——Munro（1965）式：

$$d^2/D^2 = b_0 + b_1 \times \frac{H-h}{H-1.3}$$

模型 2—— Kozak（1969）式：

$$d^2/D^2 = b_0 + b_1(h/H) + b_2(h/H)^2$$

模型 3——孟宪宇（1982）式：

$$d^2/D^2 = b_0 + b_1\left(\frac{H-h}{H-1.3}\right) + b_2\left(\frac{H-h}{H-1.3}\right)^2 + b_3\left(\frac{H-h}{H-1.3}\right)^3$$

模型 4 ——Ormerod（1971）式：

$$d/D = \left(\frac{H-h}{H-1.3}\right)^{b_0}$$

式中，d 为树干 h 高处的去皮直径（cm）；

D 为带皮胸径（cm）；

H 为树高（m）；

h 为从地面起算的高度（m）；

b_0、b_1、b_2、b_3 为方程参数。

本研究利用各削度方程对不同造林密度的杂种落叶松的干形进行了模拟，得到参数估计值及其检验值，各模型的相关系数的平方都在 0.95 以上，说明拟合效果较好（表 1-54）。

表 1-54　各模型的参数及检验值

			估计值	标准差	F	R^2
模型 1	2 500	b_0	− 0.304 0	0.053 0	72.79	0.959 3
		b_1	1.473 0	0.064 0		
	3 300	b_0	0.072 0	0.022 0	146.11	0.983 0
		b_1	0.970 0	0.026 0		
	4 400	b_0	0.177 0	0.026 0	184.62	0.972 0
		b_1	0.881 0	0.031 0		
	6 600	b_0	0.140 0	0.020 5	171.16	0.983 8
		b_1	0.920 0	0.024 7		
模型 2	2 500	b_0	1.516 0	0.034 5	49.03	0.975 8
		b_1	− 2.865 0	0.229 4		
		b_2	1.372 0	0.264 7		
	3 300	b_0	1.217 9	0.017 4	97.49	0.986 0
		b_1	− 1.023 0	0.115 9		
		b_2	− 0.168 6	0.133 8		
	4 400	b_0	1.159 0	0.019 4	123.26	0.978 0
		b_1	− 0.616 2	0.129 1		
		b_2	− 0.484 8	0.149 0		
	6 600	b_0	1.179 0	0.020 1	113.94	0.978 4
		b_1	− 0.744 7	0.133 3		
		b_2	− 0.384 9	0.153 9		
模型 3	2 500	b_0	− 0.164 1	0.140 5	36.68	0.971 9
		b_1	1.332 3	0.853 5		
		b_2	− 0.973 1	1.437 1		
		b_3	0.931 1	0.714 3		
	3 300	b_0	− 0.092 3	0.065 8	73.11	0.985 8
		b_1	1.905 2	0.385 6		
		b_2	− 1.340 1	0.626 5		
		b_3	0.559 9	0.300 7		
	4 400	b_0	− 0.110 0	0.066 8	92.54	0.982 3
		b_1	2.522 0	0.409 0		
		b_2	− 2.353 4	0.694 2		
		b_3	0.983 6	0.347 2		
	6 600	b_0	− 0.112 1	0.050 8	85.73	0.990 1
		b_1	2.453 1	0.304 4		
		b_2	− 2.359 2	0.505 2		
		b_3	1.056 0	0.247 8		
模型 4	2 500	b_0	0.810 3	0.033 0	304.51	0.982 7
	3 300	b_0	0.850 6	0.039 0	291.81	0.978 9
	4 400	b_0	0.667 5	0.036 1	368.77	0.967 0
	6 600	b_0	0.727 2	0.035 0	341.50	0.974 8

此外，本研究还采用总相对误差（RS）、平均系统误差（E）、相对误差绝对值平均数（RMA）和预估精度（P）等 4 个统计指标（骆期邦，1999）对 4 个模型进行了检验。各模型的总相对误差均在5%以内，但是从平均系统误差、相对误差绝对值平均数和预估精度来看，模型 4 都是 4 种模型中最好的（表 1-55）。

表 1-55　模型整体检验结果

		RS	E	RMA	P
模型 1	2 500	4.25	5.04	24.63	96.01
	3 300	2.75	17.71	30.37	93.13
	4 400	4.56	15.70	25.53	94.17
	6 600	3.89	16.36	26.62	94.10
模型 2	2 500	4.31	6.60	13.48	96.82
	3 300	2.78	17.81	30.76	92.99
	4 400	4.56	15.94	26.65	93.88
	6 600	3.89	16.34	28.40	93.41
模型 3	2 500	4.27	17.37	22.59	96.48
	3 300	2.78	17.82	30.95	92.79
	4 400	4.56	16.02	26.54	93.82
	6 600	3.89	16.58	27.23	93.85
模型 4	2 500	3.93	1.87	6.90	97.96
	3 300	2.89	2.62	8.08	97.76
	4 400	4.77	2.70	9.29	97.51
	6 600	4.09	3.47	9.34	97.73

（2）材种标准的确定。

根据国家木材标准原木规格分类表——经济材等级（《原木检验》，GB/T 144—2013）及合理造材的原则进行造材，其材种规格见表 1-56，以此作为编制材种出材率的依据。

表 1-56　经济材材种规格

材种类别		小头直径/ cm	长度/m	适用材种
中径材		20~26	2	造船材、车辆材、一般用材、桩木、特殊电杆
小径材		6~20	2	二等坑木、小径民用材、造纸材、普通电杆、车立柱
短小材	短材	≥14	0.4~1.8	简易建筑、农用、包装、家具用材
	小材	4~14	1.0~4.8	

原木造材贯彻合理使用木材和节约木材的原则，并在现场进行模拟造材时先造大材，后造小材，长材不短造，优材优用，逢弯下锯，缺点集中。具

体要求如下：

①在原木造材基础上，按规定标准进行画线，确定材种等级并检尺。在画线时，要留出锯口损失量，一般为 2 cm，模拟造材时也一样。

②造材时，对树干腐朽部分应视为薪材，扣除后再按顺序由大到小进行造材。

③凡伐倒木发生折断、劈裂等情况，均按有缺陷材确定相应材种。

④原木商品材检尺一律测量小头直径，按 2 cm 括约。

（3）树皮率方程。

根据各径阶标准木的平均树皮率和径阶的关系，建立了树皮率方程：

$$P_B\% = 34.595\,2 - 5.056\,4\text{Ln}(D)$$

相关系数为 − 0.850 0。

（4）树高曲线方程。

确定材种出材率，需要计算各径阶的理论树高，为此要建立树高（H）与带皮胸径（D）的回归模型。常用的树高曲线方程有：

模型 1：　$H = a_0 + a_1 \log D$

模型 2：　$H = a_0 e^{-a_1/D}$

模型 3：　$H = a_0 + \dfrac{a_1}{D}$

模型 4：　$H = a_0 D^{a_1}$

模型 5：　$H = 1.3 + \dfrac{1}{\left(a_0 + \dfrac{a_1}{D}\right)^2}$

式中，H 为树高（m）；

　　　D 为直径（cm）；

　　　$\log$ 为常用对数符号；

　　　e 为自然对数的底；

　　　a_0、a_1 为方程参数。

各模型的相关系数都在 0.80 以上，并且各模型的相关系数随着造林密度的增加而增大，说明造林密度越大，树高曲线方程拟合的效果越好。（表 1-57）

表 1-57 各模型的参数及检验值

			估计值	标准差	F	R^2
模型 1	2 500	a_0	− 5.441 2	1.197 9	134.704	0.807 3
		a_1	14.105 0	0.527 8		
	3 300	a_0	− 5.844 0	1.121 6	159.588	0.830 1
		a_1	14.692 0	0.505 1		
	4 400	a_0	− 7.720 4	0.884 0	340.495	0.908 5
		a_1	17.400 0	0.409 5		
	6 600	a_0	− 7.082 5	0.799 0	378.310	0.920 7
		a_1	17.229 0	0.384 7		
模型 2	2 500	a_0	17.806 1	1.263 1	907.365	0.792 4
		a_1	7.173 1	0.698 5		
	3 300	a_0	18.751 6	1.329 3	827.874	0.817 8
		a_1	7.471 9	0.669 4		
	4 400	a_0	22.128 7	1.222 4	848.032	0.902 3
		a_1	8.203 8	0.493 4		
	6 600	a_0	22.437 6	1.173 9	740.666	0.915 2
		a_1	7.804 5	0.432 5		
模型 3	2 500	a_0	13.663 2	0.548 8	905.469	0.758 9
		a_1	− 49.103 3	4.965 6		
	3 300	a_0	13.577 8	0.536 6	825.111	0.770 2
		a_1	− 47.185 4	4.605 6		
	4 400	a_0	15.109 1	0.482 8	845.047	0.855 8
		a_1	− 55.174 0	3.930 6		
	6 600	a_0	14.866 0	0.498 2	736.815	0.852 1
		a_1	− 49.905 5	3.717 9		
模型 4	2 500	a_0	1.242 0	0.182 5	910.429	0.843 7
		a_1	0.837 9	0.062 7		
	3 300	a_0	1.125 0	0.150 5	831.222	0.872 1
		a_1	0.892 4	0.058 1		
	4 400	a_0	1.108 2	0.097 7	850.401	0.937 6
		a_1	0.939 6	0.039 3		
	6 600	a_0	1.242 6	0.088 2	743.074	0.952 6
		a_1	0.913 2	0.032 6		
模型 5	2 500	a_0	0.183 4	0.015 2	909.268	0.824 6
		a_1	1.870 3	0.158 6		
	3 300	a_0	0.167 4	0.014 1	830.245	0.856 6
		a_1	1.972 7	0.142 4		
	4 400	a_0	0.152 8	0.009 0	849.976	0.931 4
		a_1	1.918 8	0.085 4		
	6 600	a_0	0.155 3	0.007 4	742.812	0.948 6
		a_1	1.778 6	0.065 6		

本研究还采用总相对误差（RS）、平均系统误差（E）、相对误差绝对值平

均数（RMA）和预估精度（P）等 4 个统计指标（骆期邦，1999）对 5 个树高曲线方程进行了检验。各模型的总相对误差均在 1%以内，但是从平均系统误差、相对误差绝对值平均数和预估精度等指标综合来看，5 个模型相差不大（表1-58）。本书在调查数据的基础上加入了大龄落叶松的树高和胸径数据，对所选模型进行限定，结果显示模型 5 是 5 个树高曲线方程中的最优模型，所以本书采用 $h = 1.3 + \dfrac{1}{(a_0 + \dfrac{a_1}{d})^2}$ 作为树高曲线方程。

表 1-58　模型整体检验结果

		RS	E	RMA	P
模型 1	2 500	− 0.005 613	0.214 8	8.201 7	97.63
	3 300	− 0.004 976	0.381 7	8.597 0	97.65
	4 400	− 0.000 854	0.346 9	6.503 8	98.25
	6 600	− 0.004 494	0.517 3	7.015 9	97.55
模型 2	2 500	0.124 5	0.519 8	8.615 6	97.55
	3 300	0.192 2	0.882 5	9.098 1	97.57
	4 400	0.188 3	0.818 5	6.918 0	98.20
	6 600	0.276 3	1.249 9	7.610 2	97.47
模型 3	2 500	0.000 17	0.224 2	8.621 6	97.38
	3 300	− 0.000 53	0.603 7	9.509 3	97.31
	4 400	0.000 19	0.515 7	7.501 9	97.84
	6 600	− 0.000 554	0.743 7	8.533 0	97.19
模型 4	2 500	0.132 6	0.478 0	8.023 5	97.84
	3 300	0.131 2	0.539 5	7.973 2	97.94
	4 400	0.033 7	0.147 7	5.697 0	98.55
	6 600	0.027 5	0.120 8	5.378 5	97.85
模型 5	2 500	0.306 4	0.867 7	8.566 8	97.73
	3 300	0.398 3	1.118 6	8.656 6	97.82
	4 400	0.204 5	0.567 1	6.083 4	98.48
	6 600	0.209 0	0.628 5	6.065 7	97.73

（5）单株材种出材率表。

根据树高曲线方程 $h = 1.3 + \dfrac{1}{(a_0 + \dfrac{a_1}{d})^2}$ 计算杂种落叶松在不同径阶时的平

均高,利用削度方程 $d/D = (\frac{H-h}{H-1.3})^{b_0}$ 计算既定直径 d 部位距树基的长度值 h、

树干上任意分段(由 h_1 处至 h_2 处的区间木段)的材积值 v 和全树干材积值 V。

估计树干上任意既定直径 d 部位距树基的长度 h 值的公式:

$$h = H - (H - 1.3) \times \sqrt[b_0]{\frac{d}{D}}$$

任意分段的材积值:

$$v = \frac{\pi}{40\,000} \int_{h_1}^{h_2} d^2 \, d_h$$

$$= \frac{\pi}{40\,000} \int_{h_1}^{h_2} D^2 \left(\frac{H-h}{H-1.3}\right)^{2b_0} d_h$$

$$= \frac{\pi D^2}{40\,000} \left(\frac{1}{H-1.3}\right)^{2b_0} (-1) \frac{1}{2b+1} [(H-h_2)^{2b+1} - (H-h_1)^{2b+1}]$$

全树干材积值:

$$V = \frac{\pi}{40\,000} \int_{0}^{H} d^2 \, d_h$$

$$= \frac{\pi}{40\,000} \int_{0}^{H} D^2 \left(\frac{H-h}{H-1.3}\right)^{2b_0} d_h$$

$$= \frac{\pi D^2}{40\,000} \left(\frac{1}{H-1.3}\right)^{2b_0} \frac{1}{2b+1} H^{2b+1}$$

由此计算 4 种造林密度杂种落叶松的材种出材率,见表 1-59 至表 1-62。

表 1-59　杂种落叶松材种出材率(2 500 株/hm²)

径阶	树高/m	带皮材积	小径材	中径材	大径材	合计
8	7.05	0.018 8	59.81	0.00	0.00	59.81
10	8.59	0.033 6	62.15	0.00	0.00	62.15
12	9.99	0.054 0	70.94	0.00	0.00	70.94
14	11.25	0.080 6	72.60	0.00	0.00	72.60
16	12.39	0.113 8	76.76	0.00	0.00	76.76
18	13.41	0.153 7	77.80	0.00	0.00	77.80
20	14.34	0.200 5	78.78	0.00	0.00	78.78
22	15.18	0.254 6	54.61	25.07	0.00	79.69
24	15.94	0.315 9	37.24	43.26	0.00	80.50
26	16.64	0.384 6	31.44	49.79	0.00	81.22
28	17.27	0.460 8	25.83	32.69	22.67	81.20
30	17.86	0.544 5	21.75	28.59	31.59	81.92

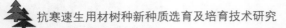

续表

径阶	树高/m	带皮材积	小径材	中径材	大径材	合计
32	18.40	0.635 8	18.19	17.53	46.81	82.53
34	18.89	0.734 7	14.67	15.30	52.65	82.63
36	19.35	0.841 4	12.09	13.33	57.77	83.19
38	19.78	0.955 7	9.48	11.57	62.25	83.31
40	20.18	1.077 8	7.64	10.00	66.18	83.81
42	20.55	1.207 7	8.11	10.16	65.68	83.95
44	20.89	1.345 4	6.44	8.75	69.20	84.38
46	21.22	1.490 9	4.80	7.47	72.27	84.54
48	21.52	1.644 2	5.10	4.62	74.95	84.67
50	21.81	1.805 3	3.91	6.46	74.69	85.06

表 1-60　杂种落叶松材种出材率（3 300 株/hm²）

径阶	树高/m	带皮材积	小径材	中径材	大径材	合计
8	7.13	0.019 0	67.12	0.00	0.00	67.12
10	8.82	0.034 2	73.17	0.00	0.00	73.17
12	10.38	0.055 7	76.32	0.00	0.00	76.32
14	11.82	0.083 9	76.91	0.00	0.00	76.91
16	13.13	0.119 3	77.57	0.00	0.00	77.57
18	14.33	0.162 4	79.33	0.00	0.00	79.33
20	15.43	0.213 3	79.92	0.00	0.00	79.92
22	16.43	0.272 4	57.13	23.36	0.00	80.49
24	17.35	0.339 8	40.57	40.47	0.00	81.04
26	18.20	0.415 7	34.96	46.60	0.00	81.56
28	18.98	0.500 2	24.40	36.81	20.82	82.03
30	19.70	0.593 4	20.94	24.49	37.04	82.47
32	20.36	0.695 4	17.68	21.65	43.30	82.64
34	20.98	0.806 2	15.08	19.18	48.81	83.06
36	21.55	0.926 0	12.77	16.99	53.68	83.44
38	22.09	1.054 8	10.58	10.52	62.53	83.62
40	22.59	1.192 5	8.82	9.26	65.89	83.98
42	23.06	1.339 4	7.14	8.13	68.88	84.15
44	23.50	1.495 3	5.82	10.28	68.37	84.48
46	23.91	1.660 4	6.27	7.27	71.11	84.65
48	24.30	1.834 6	5.05	6.34	73.55	84.94
50	24.67	2.018 0	3.92	5.48	75.71	85.11

表 1-61　杂种落叶松材种出材率（4 400 株/hm²）

径阶	树高/m	带皮材积	小径材	中径材	大径材	合计
8	7.79	0.020 1	54.71	0.00	0.00	54.71
10	9.72	0.036 8	65.45	0.00	0.00	65.45
12	11.53	0.060 4	71.24	0.00	0.00	71.24
14	13.20	0.091 7	74.83	0.00	0.00	74.83
16	14.74	0.131 4	75.36	0.00	0.00	75.36
18	16.16	0.179 8	77.73	0.00	0.00	77.73

续表

径阶	树高/m	带皮材积	小径材	中径材	大径材	合计
20	17.46	0.237 3	78.30	0.00	0.00	78.30
22	18.66	0.304 3	50.05	29.85	0.00	79.90
24	19.76	0.380 9	36.88	43.54	0.00	80.42
26	20.78	0.467 4	32.58	48.36	0.00	80.94
28	21.71	0.563 9	23.86	31.04	26.54	81.45
30	22.58	0.670 6	21.13	27.76	33.04	81.94
32	23.39	0.787 6	15.16	22.45	44.79	82.40
34	24.14	0.914 9	13.35	20.19	49.30	82.84
36	24.84	1.052 7	11.70	13.71	57.83	83.24
38	25.50	1.201 1	10.20	12.33	61.07	83.61
40	26.11	1.360 0	8.64	11.09	64.01	83.74
42	26.68	1.529 6	7.45	9.96	66.68	84.10
44	27.22	1.709 9	6.37	8.93	69.12	84.42
46	27.73	1.900 9	5.25	7.99	71.33	84.57
48	28.21	2.102 6	4.41	7.11	73.34	84.87
50	28.66	2.315 2	4.76	5.08	75.17	85.02

表 1-62 杂种落叶松材种出材率（6 600 株/hm²）

径阶	树高/m	带皮材积	小径材	中径材	大径材	合计
8	8.31	0.021 0	52.43	0.00	0.00	52.43
10	10.31	0.038 4	63.51	0.00	0.00	63.51
12	12.16	0.063 0	69.73	0.00	0.00	69.73
14	13.84	0.095 4	73.72	0.00	0.00	73.72
16	15.38	0.136 2	76.46	0.00	0.00	76.46
18	16.79	0.185 7	77.03	0.00	0.00	77.03
20	18.06	0.244 4	78.94	0.00	0.00	78.94
22	19.23	0.312 5	50.43	29.08	0.00	79.50
24	20.30	0.390 1	37.44	42.64	0.00	80.08
26	21.28	0.477 5	33.76	47.50	0.00	81.27
28	22.18	0.574 8	24.97	30.73	26.05	81.75
30	23.02	0.682 2	22.12	27.57	32.52	82.20
32	23.79	0.799 6	15.63	22.41	44.21	82.26
34	24.50	0.927 2	13.76	20.19	48.77	82.73
36	25.16	1.065 1	12.07	13.75	57.34	83.16
38	25.78	1.213 3	10.52	12.39	60.64	83.55
40	26.36	1.371 9	8.88	11.15	63.65	83.68
42	26.90	1.540 9	7.65	10.02	66.38	84.06
44	27.40	1.720 4	6.54	8.99	68.87	84.40
46	27.88	1.910 3	5.37	8.04	71.14	84.54
48	28.33	2.110 7	4.50	7.16	73.20	84.86
50	28.75	2.321 7	4.82	5.11	75.07	85.00

根据不同造林密度下杂种落叶松的出材率和各密度林分的径阶及株数，

计算 14 年杂种落叶松各造林密度林分的出材量，由于杂种落叶松林龄较小，样地的胸径数据最大径阶只有 20 cm，所以只能出小径材。得到小径材出材量的结果如表 1-63，4 种造林密度的杂种落叶松，3 300 株/hm² 的林分，出材率最高，达到 75.78%；2 500 株/hm² 次之，为 71.56%；4 400 株/hm² 和 6 600 株/hm² 最小，只有 69.97% 和 67.46%。

表 1-63　4 种造林密度杂种落叶松的出材量

造林密度/（株/hm²）	径阶/cm	株数	样地蓄积/m³	小径材出材量/m³	出材率/%
2 500	4	20	0	0	0
	6	56	0	0	0
	8	110	2.068 0	1.236 9	59.81
	10	209	7.022 4	4.364 4	62.15
	12	312	16.848 0	11.952 0	70.94
	14	248	19.988 8	14.511 9	72.60
	16	95	10.811 0	8.298 5	76.76
	18	20	3.074 0	2.391 6	77.80
	20	3	0.601 5	0.473 9	78.79
	合计	1 073	60.413 7	43.229 1	71.56
3 300	4	27	0	0	0
	6	94	0	0	0
	8	171	3.242 0	2.176 1	67.12
	10	292	9.994 4	7.312 6	73.17
	12	277	15.418 0	11.767 1	76.32
	14	213	17.863 2	13.738 0	76.91
	16	78	9.306 3	7.218 5	77.57
	18	13	2.110 8	1.674 5	79.33
	20	2	0.426 7	0.341 0	79.92
	合计	1 167	58.361 3	44.227 8	75.78
4 400	4	68	0	0	0
	6	155	0	0	0
	8	271	5.441 7	2.977 1	54.71
	10	365	13.415 5	8.780 8	65.45
	12	309	18.661 3	13.293 7	71.24
	14	174	15.962 5	11.944 5	74.83
	16	49	6.437 6	4.851 0	75.35
	18	4	0.719 1	0.559 0	77.74
	20	1	0.237 3	0.185 8	78.30
	合计	1 396	60.875 0	42.591 9	69.97
6 600	4	153	0	0	0
	6	276	0	0	0
	8	358	7.519 4	3.942 6	52.43
	10	382	14.684 2	9.326 0	63.51
	12	290	18.273 4	12.742 8	69.73

续表

造林密度/ （株/hm²）	径阶/ cm	株数	样地蓄积/m³	小径材出材量/m³	出材率/%
	14	130	12.404 0	9.144 7	73.72
	16	32	4.358 0	3.332 3	76.46
6 600	18	7	1.300 2	1.001 6	77.03
	20	0	0	0	0
	合计	1 628	58.539 3	39.490 0	67.46

9.杂种落叶松密度效应

（1）密度效应模型。

立木密度对林分生长的一系列制约作用，即林分密度效应规律。针对同龄纯林林分生长的每个阶段，平均单株材积（V）、平均胸高断面积（G）、平均胸高直径（D）、单位面积蓄积量（M）等平均个体或群体的大小与立木密度（N）之间关系的数学模型，称为密度效应模型。

密度效应模型有很多种，如倒数式，即日本吉良龙夫（1953）提出的关于高等植物生长的密度效应模型，关系式为：

$$\frac{1}{W} = AN + B$$

式中，W 为平均个体质量（g）；

N 为个体密度（g/cm³）。

最大密度法则——密度效应倒数法，从理论上讲应该适用于密度很大的植物群落，但是在现实中，当密度超过某一上界时这个法则就不适用了。这是因为，当密度很大时，各单株植物对其生活空间的竞争，导致了优存劣汰的自然稀疏现象。这种自然稀疏现象形成了密度对自然的调节作用，因此，可以用最大密度法则进行描述，即

$$M = KN^{-a}$$

式中，M 为单位面积收量（m³）；

N 为出现自然枯死群落的密度（g/cm³）；

K 为不随生长阶段和立地条件而改变的常数（最大收量）；

a 约为 3/2。

尹泰龙等（1978）编制的林分密度控制图中，各树种的 a 值，除杂木林

为 1.349，杨桦林接近 1.5 外，其他树种林分类型的 a 值均在 1.5 以上。水曲柳、核桃楸林为 1.746，蒙古栎为 1.907，落叶松人工林为 2.578。不仅如此，即使同一树种，不同立地、不同林型、不同地位级，其 a 值也不一致。

本研究采用的是密度效应的抛物线式。尹泰龙等（1978）在研究人工落叶松和天然次生林的单位面积产量与立木密度之间的数量关系时发现，林分在同一生长阶段上的林分蓄积产量都是随立木的密度增加而上升的，当立木密度增加到某一值时达到最高，之后随立木密度的增大而下降。模拟这种产量（M）随立木密度（N）而变化的规律，可采用开口向下的抛物线式：

$$M = AN - BN^2$$

式中，M 为公顷蓄积（m^3）；

N 为立木密度（株/hm^2）；

A，B 为因生长阶段而变化的参数。

将上式两边除以 N，则：

$$V = A - BN$$

式中，V 为平均单株材积；

N 为立木密度（株/hm^2）；

A，B 为参数。

为了更加清晰地描述林分不同生长阶段的变化规律，在参数 A，B 中引入林分平均优势高，令 $V = a_0 H^{b_0}$，$B = a_1 H^{b_1}$，则上式可以变换为：

$$V = a_0 H^{b_0} - a_1 H^{b_1} N$$

应用非线性迭代和改进单纯形法计算得到杂种落叶松人工林密度效应模型为 $V = 0.020\,170 H^{0.226\,754} - 0.000\,024\,568\,4 H^{-0.799\,959} N$，相关系数 $R=0.720$。

$$\frac{dV}{dH} = 0.004\,573\,7 H^{-0.773\,246} + 0.000\,019\,644\,7 H^{-1.799\,59} N$$

$$\frac{dV}{dN} = 0.000\,024\,568\,4 H^{-0.799\,59}$$

用 $\sum V_i / n$ 代入 V，用 $\sum H_i / n$ 代入 H，用 $\sum N_i / n$ 代入 N，则：

$$E_P(H) = \frac{dV/dH}{V/H} = 0.802\,497$$

$$E_P(N) = \frac{dV/dN}{V/N} = -0.560\,69$$

由于 E_P（H）=0.802 497<1，说明树高增长缓慢，增长速度下降。E_P（N）=−0.560 69<0，其效应处于负效应阶段，应该减少林分密度，当密度减少 1%时，林分单株材积增加 0.560 69%，说明杂种落叶松人工林林分密度偏大，应适当进行抚育间伐。

（2）合理经营密度的确定。

对杂种落叶松人工林的样地数据进行分析，选取其中标准地中优势木、平均木和劣势木的胸径和冠幅数据，建立杂种落叶松人工林林分冠幅直径模型如下：

$$CW=a+b \times D$$

式中，CW 为树木冠幅（m）；

D 为胸径（cm）。

模型的拟合结果显示，杂种落叶松的胸径与冠幅之间存在显著的线性关系，回归模型的相关系数达到 0.912（表 1-64），因此，此模型可以用于确定林分的经营密度。

表 1-64　冠幅胸径模型拟合结果

参数	估计值	标准差	T 值	P	F	R
a	0.778	0.099	7.892	0.000	221.85	0.912
b	0.131	0.009	14.895	0.000		

通过杂种落叶松胸径生长方程 $Y=22.583\,8 \times [1-\exp(-0.066\,8 \times A)]$^1.354 6 模拟 6~30 年的理论胸径，再根据冠幅与胸径的回归模型拟合出 6~30 年杂种落叶松的理论冠幅，计算单株杂种落叶松的平均树冠面积，进一步得到林分一定平均直径时单位面积的理论株数（表 1-65）。

表 1-65　落叶松人工林理论密度

林龄/年	理论胸径/cm	理论冠幅/m	平均树冠面积/m²	理论株数/（株/hm²）
6	5.03	1.44	1.62	6 161
7	5.95	1.56	1.90	5 250
8	6.84	1.67	2.20	4 544
9	7.70	1.79	2.51	3 989
10	8.53	1.90	2.82	3 545
11	9.32	2.00	3.14	3 185
12	10.08	2.10	3.46	2 890

续表

林龄/年	理论胸径/cm	理论冠幅/m	平均树冠面积/m²	理论株数/（株/hm²）
13	10.81	2.19	3.78	2 646
14	11.50	2.28	4.10	2 441
15	12.15	2.37	4.41	2 267
16	12.77	2.45	4.72	2 119
17	13.36	2.53	5.02	1 992
18	13.92	2.60	5.31	1 882
19	14.44	2.67	5.60	1 786
20	14.94	2.74	5.88	1 702
21	15.41	2.80	6.14	1 628
22	15.85	2.85	6.40	1 563
23	16.27	2.91	6.65	1 505
24	16.66	2.96	6.88	1 453
25	17.03	3.01	7.11	1 407
26	17.37	3.05	7.32	1 365
27	17.70	3.10	7.53	1 328
28	18.00	3.14	7.73	1 294
29	18.29	3.17	7.91	1 264
30	18.56	3.21	8.09	1 236

10.小结

本节对不同造林密度下杂种落叶松的胸径、树高、胸高断面积、材积等生长指标进行了研究与分析，得出造林密度对杂种落叶松胸径、单株材积、冠幅都有比较显著的影响，造林密度越大，林分的平均胸径越小，单株材积越小，冠幅也越小。造林密度对林分的平均高及胸高断面积、公顷蓄积等影响不显著。在干形控制方面采用了形数和形率两个指标进行分析，造林密度为 3 300 株/hm² 和 4 400 株/hm² 林分，其林木相对较为饱满，可见，有效控制林分密度对干形有一定的改善作用。

本节还对杂种落叶松的出材率和合理经营密度进行了预测，目前杂种落叶松林龄只有 14 年，胸径都在 20 cm 以内，所以只能出小径材。4 种造林密度中，3 300 株/hm² 的林分小径材的出材率最大，可以达到 75.78%。研究还得出，14 年杂种落叶松的合理经营密度为 2 441 株/hm²，而当前 4 种造林密度的保留密度分别是 2 314 株/hm²、2 467 株/hm²、3 034 株/hm² 和 3 667 株/hm²，因此，造林密度为 4 400 株/hm² 和 6 600 株/hm² 的林分应当适当地进行间伐，当前的保留密度已经在某种程度上限制了杂种落叶松的生长。

（五）材性分析

1. 木材密度

木材基本密度是评价纸浆材质量的重要指标之一，与木材的晚材率、细胞壁厚、抽出物含量及细胞壁物质密度等因素密切相关，对纸浆产量和纸的质量有重要影响。

由于实验要求在杂种落叶松的每个年轮上分别测量密度，年轮的宽度不足 20 mm，所以不能按照国家标准取样。本研究采用饱和含水率法测定杂种落叶松 8~11 年的木材密度。此法适用于测量不规则试件，计算结果准确，与直线测量法比较，误差在 3% 以下。计算公式为（1-31），计算精确至 0.01 g/cm³。

$$\rho_j = \cfrac{1}{\cfrac{G_{mw} - G_h}{G_h} + \cfrac{1}{\rho_{cw}}}$$

式中，ρ_j——试样密度（g/cm³）；

G_{mw}——饱和含水率时试样的质量（g）；

G_h——绝干时试样的质量（g）；

ρ_{cw}——木材细胞壁物质密度（g/cm³）。

木材细胞壁物质密度取平均值 1.53 g/cm³。

（1）木材的平均密度。

木材密度与制浆率和纸张强度关系甚为密切，木材密度小，纸张的强度大，木材密度大，制浆得率高，而木材密度中等（0.4~0.5 g/cm³），则纸张强度和制浆得率可以兼顾。本研究是用饱和含水率法测定杂种落叶松 8~11 年的基本密度，从 11 年的测定结果来看，木材密度基本处于 0.56~0.69 g/cm³。一般来讲，木材密度与直径生长成负相关，但杂种落叶松较其他纤维用材林生长得快，而它却能够提供与快速生长不相关的木材密度。而且从图 1-23 可以看出，8~11 年间，杂种落叶松的平均木材密度是在逐渐增大的，因此制浆得率也会逐渐增大。

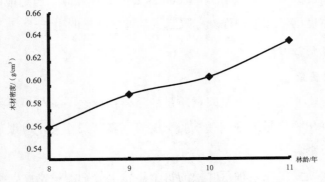

图 1-23　杂种落叶松早材密度随林龄的变化趋势

（2）造林密度的影响。

对 4 种造林密度下杂种落叶松的木材密度做算术平均，结果如表 1-66，图 1-24。

表 1-66　不同密度下杂种落叶松的木材密度表

造林密度/（株/hm^2）	平均密度/（g/cm^3）			
	8 年	9 年	10 年	11 年
2 500	0.596 933	0.597 467	0.618 233	0.629 033
3 300	0.529 950	0.596 350	0.619 675	0.666 050
4 400	0.536 975	0.561 625	0.574 025	0.619 250
6 600	0.606 100	0.611 825	0.628 925	0.646 675

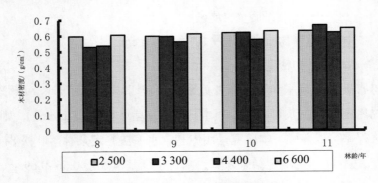

图 1-24　不同密度下早材密度随林龄的变化

4 种造林密度下，杂种落叶松的木材密度在 8 年时差别较明显，6 600 株/hm^2 和 2 500 株/hm^2 的木材密度较大，在 0.60 g/cm^3 左右；而另两种密度在 0.52~0.53 g/cm^3 之间。随着林龄的增加，木材密度大的增长率在逐渐降低，而木材密度小的增长率却在逐渐增大，在 11 年时，4 种造林密度林分的木材密度均在 0.61~0.67 g/cm³ 之间，且差距越来越小。

对不同密度下杂种落叶松木材密度的方差分析结果（表 1-67）表明，造林密度对杂种落叶松木材密度的影响效果不显著。

表 1-67　不同造林密度下杂种落叶松木材密度的方差分析

年份	2004	2005	2006	2007
F 值	2.313	0.911	1.503	1.021

（3）整地方式的影响。

测得杂种落叶松标准木的基本密度，按不同的整地方式求得平均值，结果如表 1-68，图 1-25。

表 1-68　不同密度下杂种落叶松的木材密度

整地方式	平均密度/（g/cm³）			
	8 年	9 年	10 年	11 年
揭草皮	0.584 925	0.597 500	0.615 875	0.633 625
穴状整地	0.573 450	0.589 700	0.606 275	0.629 350
高台整地	0.540 675	0.587 850	0.613 400	0.659 150
现整现造	0.564 575	0.596 325	0.617 725	0.624 725

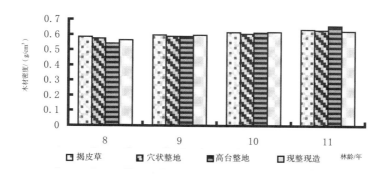

图 1-25　不同整地方式下早材密度随林龄的变化

4 种整地方式中，高台整地方式下杂种落叶松木材密度的增长速度最快，8 年时木材密度最低，而 11 年时却是 4 种整地方式中最高的；另 3 种整地方式 4 年间交替上升，无较大差别。

对不同整地方式下杂种落叶松的木材密度进行方差分析（表 1-69），F 值均小于 $F_{0.05}$=3.49，由此表明，不同整地方式下，杂种落叶松的木材密度没有显著差异。

表 1-69　不同整地方式下杂种落叶松木材密度的方差分析

年份	2004	2005	2006	2007
F 值	0.390	0.036	0.039	0.362

2.纤维长度、宽度及长宽比

木材的纤维形态与制浆造纸性能有密切关系，纤维形态特征是影响造纸质量的重要因子。一般认为，纤维用材林的纤维宜细而长，其长宽比应大于30，且越大越好；木材纤维长度应呈较匀整的正态分布。这样，纤维之间才能有较好的交织性能和结合强度，成纸才能结构均匀，并有较好的物理强度。

本实验采用普通光学显微镜测定法（《造纸纤维长度的测定偏振光法》GB/T 10336—2002）测定。在每株标准木的胸高处切取一个厚约 10 cm 的圆盘，在每个圆盘上逐轮取样（包括边材和心材），取四轮，分别劈成火柴棒大小，放在水中多次煮沸，并换水数次，以排除试样中的空气，使试样条下沉。然后将 1:1 的冰醋酸、过氧化氢（30%~35%）溶液及试样放入带螺口盖的耐热塑料瓶中，并放在保温箱中，在 60 ℃下浸泡试样 30~48 h，以使试样变白、纤维分散，制成纤维试片。观测时将试片置于显微镜载物台上，使纤维的一端与显微镜的目镜测微尺的零点对齐，并使物镜测微尺与要测的方向平行，量至纤维的另一端，测微尺的刻度即为纤维长度。测量纤维的宽度时，一般选取 300~400 的放大倍数，并以纤维的中段为测量宽度的部位。非纤维细胞一律不测，小于 0.1 mm 的纤维及断损的纤维不测。

（1）平均纤维长度、宽度。

纤维长度、宽度及长宽比也是影响纸张机械强度的重要指标。纤维长有利于提高纸张的品质和等级。在同类原料中，纤维的长宽比也可作为判定原料质量优劣的标准之一。纤维长度大，不仅能提高纸张的撕裂度，而且有利于提高纸张的抗拉强度、耐破度和耐折度。对 11 年生杂种落叶松木材纤维的测定结果如表 1-70。

表 1-70　　11 年生杂种落叶松木材纤维测定结果

样本号	纤维长度/mm				纤维宽度/μm				长宽比
	最短	最长	一般	平均	最短	最宽	一般	平均	
1	1.69	3.01	1.77~2.87	2.39	15.0	57.5	45.0~55.0	52.50	45.58
4	2.06	3.31	2.45~3.20	2.68	27.5	47.5	30.0~40.0	32.30	82.96
7	1.91	2.73	2.08~2.68	2.39	30.0	52.5	40.0~50.0	45.50	52.69
10	1.48	3.83	2.26~3.61	2.83	22.5	45.0	27.5~37.5	30.23	93.50
13	1.75	3.25	1.80~2.95	2.33	25.0	67.5	27.5~52.5	39.32	59.32
16	1.6	3.45	1.70~2.83	2.27	30.0	55.0	35.0~45.0	41.82	54.17
19	1.67	3.24	2.05~2.88	2.49	35.0	75.0	45.0~62.5	54.77	45.54
22	1.85	2.93	2.04~2.90	2.46	30.0	57.5	37.5~55.0	41.82	58.84
25	1.91	2.71	2.11~2.53	2.28	30.0	62.5	40.0~50.0	45.46	50.18
28	2.12	3.38	2.38~3.01	2.67	30.0	55.0	45.0~50.0	48.86	54.73
31	1.35	2.89	2.08~2.54	2.25	25.0	50.0	27.5~37.5	32.05	70.26
34	1.46	2.96	1.88~2.45	2.28	32.5	65.0	35.0~50.0	42.27	53.92
37	2.16	3.20	2.35~2.90	2.68	30.0	52.5	37.5~45.0	42.05	63.74
40	1.75	3.57	2.09~3.29	2.55	25.0	50.0	30.0~37.5	34.77	73.43
43	2.64	3.42	2.79~3.30	3.05	20.0	37.5	27.5~35.0	31.82	95.72
46	2.30	3.25	2.38~3.04	2.79	25.0	52.5	30.0~40.0	33.41	83.57

从测定的结果来看，11 年生杂种落叶松纤维用材林的平均纤维长度皆在 2.2 mm 以上，平均长度为 2.52 mm，较 12 年生杨树的平均纤维长度 1.17 mm 大 115.38%，较 15 年生长白落叶松的平均纤维长度 2.3 mm 要大 9.57%，而且分布状况集中合理，细小纤维含量少，有利于制浆和造纸。

杂种落叶松的纤维宽度皆在 30 μm 以上，平均宽度为 40.56 μm，较 12 年生杨树的平均纤维宽度 16.96 μm 大 139.15%，较 15 年生长白落叶松的平均纤维宽度 28.72 μm 大 41.23%，表明杂种落叶松的纤维柔性和弹性较大。

纤维长宽比和壁腔比与制浆造纸及纤维板的质量有较大的关系。木纤维越长，长宽比越大及壁腔比越小，则越适合造纸及纤维板的生产。本试验中，4 种密度、4 种整地方式下杂种落叶松纤维长宽比的均值变化在 45.54~95.72 之间，平均值为 64.88。长宽比大，打浆时纤维有较大的结合面积，纸张撕裂指数高，成纸强度高；反之不易打浆，成纸强度低。一般而言，长宽比大于 35 是适合于造纸的。

（2）造林密度的影响。

杂种落叶松 4 种造林密度下，平均纤维长度、宽度和长宽比随林龄的变化趋势如图 1-26 至图 1-28 所示。

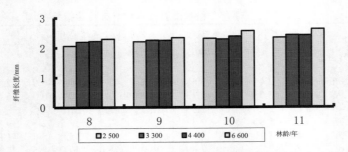

图 1-26　不同密度下纤维长度随林龄的变化趋势

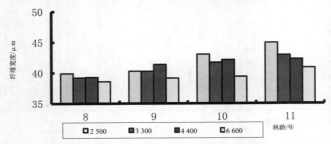

图 1-27　不同密度下纤维宽度随林龄的变化趋势

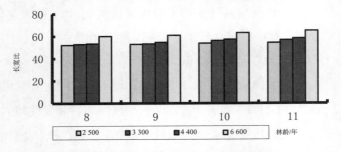

图 1-28　不同密度下纤维长宽比随林龄的变化趋势

由图 1-26 可以看出，4 种密度中，6 600 株/hm² 的平均纤维长度最长，其他 3 种密度相差不大，这可能是因为密度较小的林分生长速度较快，其纤维来不及充分伸长，纤维长度相对就会较短。Sanio's 定律指出，树干的任何断面，纤维长度均从髓心向外，随年轮递增依次增加，直至达到最大长度而呈现近似固定状态。本试验所研究的杂种落叶松在 4 种密度下第 8~11 个年轮的纤维长度变化的总体趋势基本相似，都是随着林龄的增加而增大的。由于本试验所取 11 年生的杂种落叶松仍处于幼龄期，纤维长度仍呈增长趋势，这种变异规律符合植物生理学特点。

　　由图 1-27 可以看出，4 种密度下的杂种落叶松的平均纤维宽度都是随着年龄的增长而增大的，与纤维长度的总体趋势一致。其中密度为 2 500 株/hm² 的平均纤维宽度较大，而且增长速度比较快；3 300 株/hm² 的纤维宽度增长速度较慢，因此纤维宽度是 4 种密度中最小的；另外两种密度下的纤维宽度在总平均宽度的左右徘徊，4 400 株/hm² 的纤维宽度波动较大。

　　由图 1-28 可以看出，4 种密度下的长宽比都是随林龄的增加而逐渐增加的，与 4 种密度下的纤维长度、宽度径向变化趋势相一致，这是因为长宽比是由纤维长度和宽度共同作用的结果。纤维长度远大于其宽度，纤维宽度在径向变化上没有长度径向变化明显，因此长宽比径向变异主要反映了纤维长度的径向变化，所以其变异趋势与纤维长度径向变异趋势相一致。

　　对 4 种密度下杂种落叶松的纤维长度、宽度、长宽比按不同林龄做方差分析，结果见表 1-71。

表 1-71　不同密度下杂种落叶松的纤维长度、宽度的方差分析结果

	F 值			
	2004	2005	2006	2007
长度	2.887**	1.786	5.870**	2.732**
宽度	1.125	3.224**	2.516*	3.749**

　　注：表中*代表 0.10 水平，**代表 0.05 水平。

　　从方差分析的检验值 F 来看，造林密度对杂种落叶松纤维用材林的纤维长度和宽度的影响较为显著。其中，对 8、10、11 年杂种落叶松的纤维长度影响更为明显，均在 0.05 水平上显著。造林密度对 9~11 年杂种落叶松的纤维宽度影响效果显著，9 年和 11 年在 0.05 水平上显著，10 年在 0.10 水平上显著。

　　（3）整地方式的影响。

　　杂种落叶松 4 种整地方式下，平均纤维长度、宽度和长宽比随林龄的变化趋势如图 1-29 至图 1-31 所示。

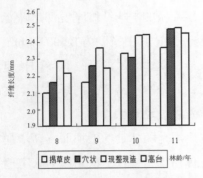

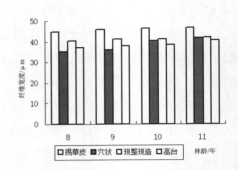

图 1-29　不同整地方式下纤维长度的变化趋势　图 1-30　不同整地方式下纤维宽度的变化趋势

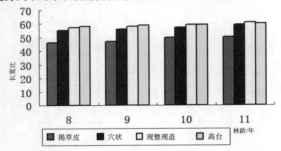

图 1-31　不同整地方式下纤维长宽比随林龄的变化趋势

从 3 幅图看，4 种整地方式下杂种落叶松纤维用材林纤维长度、宽度及长宽比都是随着林龄的增加而增大的。

由图 1-29 可以看出，揭草皮整地方式下杂种落叶松的纤维长度最短，现整现造方式的纤维长度最长，这可能与杂种落叶松的生长速度有关。由林分密度分析可以得出结论，揭草皮整地方式下杂种落叶松的生长速度最快，而现整现造方式则最慢，其他 2 种方式居中。生长速度快，纤维自然来不及充分伸长，其纤维长度也就相对比较短。反之，生长速度越慢，其纤维长度就越长。图 1-30 中，揭草皮整地方式下杂种落叶松的纤维宽度最大，而其他 3 种方式均在总平均宽度以下，说明整地方式对杂种落叶松的纤维宽度的影响比较明显。图 1-31 中，由于揭草皮方式下杂种落叶松的纤维长度最短，而宽度又最大，其长宽比自然就最小，而另 3 种方式均在平均长宽比之上。杂种落叶松从 8 年起，其平均长宽比就在 45 以上，说明杂种落叶松是较长白落叶松更优质的纤维材。

对 4 种整地方式下杂种落叶松的纤维长度、宽度、长宽比按不同林龄做方差分析，结果见表 1-72。

表 1-72 不同整地方式下杂种落叶松的纤维长度、宽度的方差分析结果

	F 值			
	2004	2005	2006	2007
长度	2.565*	2.034	6.456**	1.144
宽度	11.012**	5.442**	16.488**	11.99**

注：表中*代表 0.10 水平，**代表 0.05 水平。

由表中检验值 F 可以得出结论，整地方式对杂种落叶松纤维用材林纤维长度的影响只有 10 年时在 0.05 水平上显著，8 年时在 0.10 水平上显著，对 9 年和 11 年纤维长度的影响效果都不显著；整地方式对其宽度的影响非常明显，检验结果均在 0.05 水平上显著。

3.化学成分分析

纤维素是植物原料的主要组分之一，也是纸浆的主要化学组分。无论制浆造纸过程还是纤维生产，纤维素都是要尽量保持使之不受破坏的成分。测定造纸原料纤维素含量具有实际意义，可用来比较不同原料的造纸使用价值。

本研究使用浓硝酸和乙醇溶液处理试样，试样中的木素被硝化并有部分被氧化，生成的硝化木素溶于乙醇溶液。与此同时，亦有大量的半纤维素被水解、氧化而溶出，所得残渣即为硝酸-乙醇纤维素。乙醇介质可以减少硝酸对纤维素的水解和氧化作用。木材纤维素含量计算公式如下：

$$x = \frac{m_1 - m_2}{m_0(100 - \omega)} \times 100\%$$

式中，m_1 为烘干后纤维素与玻璃滤器的质量（g）；

M_2 为空玻璃滤器质量（g）；

M_0 为风干试样质量（g）；

ω 为试样水分含量（%）。

（1）纤维素平均含量。

化学成分对木材的制浆造纸性能有重要影响，其中纤维素含量直接影响制浆得率，原料中纤维素含量高，制浆得率亦高，一般认为造纸原料纤维素含量应高于40%，否则不经济。表1-73为16株标准木的纤维素含量。

从人工培育11年的杂种落叶松纤维用材林的纤维素含量来看，各标准木的纤维素含量在47.59%~53.34%，与天然林纤维素含量53.12%比较相差不大。平均含量为50.41%，能够满足造纸的要求，与15年长白落叶松的平均纤维素含量47.67%相比，要高出5.75%，这在针叶树中也是含量较高的（表1-73）。另外，由于边材率高，人工纤维用材林要比天然林易于蒸煮和打浆，制浆耗碱量低，纸浆易漂白，白度也高。

表 1-73　杂种落叶松纤维素含量分析表

样本号	纤维素含量/%	样本号	纤维素含量/%
1	53.34	9	49.57
2	49.92	10	49.61
3	47.59	11	50.56
4	49.29	12	51.28
5	48.72	13	51.19
6	51.73	14	50.60
7	52.22	15	50.03
8	50.84	16	50.03

（2）林龄的影响。

计算16个样本8~11年的纤维素含量的算术平均值，结果如图1-32，表1-74。由此可以看出，杂种落叶松纤维素含量与林龄之间有着密切的关系，纤维素含量随着林龄的增大而增高。但由图1-32还可以看出，纤维素含量的增长率随着林龄的增加而逐渐减小，也就说明在未来的几年内，杂种落叶松的纤维素含量会接近稳定。由此可以说明，杂种落叶松很快就会达到适用于做纤维用材林的最佳林龄。

表 1-74　不同林龄杂种落叶松的纤维素含量

林龄	8	9	10	11
纤维素含量/%	48.31	49.39	50.01	50.36

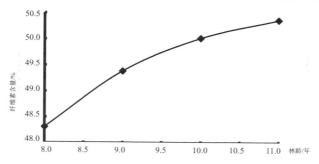

图 1-32　杂种落叶松不同年龄纤维素含量

（3）造林密度的影响。

密度对杂种落叶松纤维素含量的影响与整地方式类似，如图 1-33，总体趋势都是纤维素含量随着林龄的增加而增大。4 种密度中，3 300 株/hm² 的纤维素含量变化最大，8 年时为 47.15%，而 11 年时上升到 50.88%，成为 4 种密度中纤维素含量最高的。杂种落叶松 11 年时，4 种密度的纤维素含量分别为 50.04%、50.88%、50.28% 和 50.46%，并无大的差别，而且从纤维素含量的发展趋势来看，4 种密度的纤维素含量将会越来越接近。

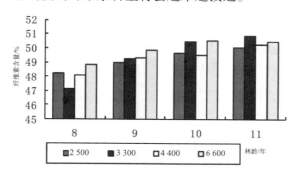

图 1-33　不同密度对杂种落叶松纤维素含量的影响

对 4 种密度下 8~11 年杂种落叶松的纤维素含量进行方差分析，结果见表 1-75 至表 1-78。

表 1-75　不同密度对 8 年杂种落叶松纤维素含量的影响

	平方和	自由度	均方	*F* 值	Sig.
组间	6.011	3	2.004	0.318	0.812
组内	75.544	12	6.295		
合计	81.555	15			

表 1-76　不同密度对 9 年杂种落叶松纤维素含量的影响

	平方和	自由度	均方	*F* 值	Sig.
组间	1.046	3	0.349	0.240	0.867
组内	17.437	12	1.453		
合计	18.484	15			

表 1-77　不同密度对 10 年杂种落叶松纤维素含量的影响

	平方和	自由度	均方	*F* 值	Sig.
组间	2.695	3	0.898	0.610	0.621
组内	17.661	12	1.472		
合计	20.356	15			

表 1-78　不同密度对 11 年杂种落叶松纤维素含量的影响

	平方和	自由度	均方	*F* 值	Sig.
组间	1.518	3	0.506	0.219	0.881
组内	27.667	12	2.306		
合计	29.185	15			

分析结果显示：检验值 *F* 分别为 0.318、0.240、0.610 和 0.219，均小于 $F_{0.05}=2.60$，因此，造林密度对杂种落叶松的纤维素含量影响不大。

（4）整地方式的影响。

4 种整地方式下杂种落叶松纤维素含量的变化如图 1-34 所示，随着林龄的增加，4 种整地方式下杂种落叶松的纤维素含量的总体趋势也是增加的。在 8 年时，现整现造方式下的纤维素含量较低些，只有 46.58%，其他 3 种方式都在 48%~49%，但相差不是很大；3 年后，4 种方式下杂种落叶松的纤维素含量发生了变化，揭草皮方式下的纤维素含量最大，占 50.71%，而最低的是高台整地方式，占 50.12%；另外 2 种方式分别为 50.47% 和 50.36%，与整个林分的平均纤维素含量 50.36% 无较大差别。也可以说，整地方式在杂种落叶松 8 年时，对其纤维素含量有一定的影响，但随着林龄的增长，这种影响越来越小，直至杂种落叶松的纤维素含量达到稳定时，整地方式对杂种落叶松的纤维素含量的影响也就没有了。

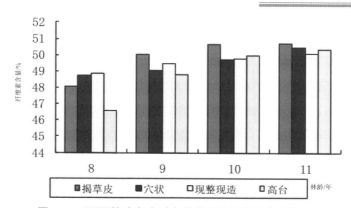

图 1-34 不同整地方式对杂种落叶松纤维素含量的影响

对 4 种不同整地方式下 8~11 年杂种落叶松的纤维素含量进行方差分析，得到结果见表 1-79 至表 1-82 所示。

表 1-79 不同整地方式对 8 年杂种落叶松纤维素含量的影响

	平方和	自由度	均方	F 值	Sig.
组间	13.152	3	4.384	0.769	0.533
组内	68.403	12	5.700		
合计	81.555	15			

表 1-80 不同整地方式对 9 年杂种落叶松纤维素含量的影响

	平方和	自由度	均方	F 值	Sig.
组间	4.731	3	1.577	1.376	0.297
组内	13.753	12	1.146		
合计	18.484	15			

表 1-81 不同整地方式对 10 年杂种落叶松纤维素含量的影响

	平方和	自由度	均方	F 值	Sig.
组间	2.476	3	0.825	0.554	0.655
组内	17.880	12	1.490		
合计	20.356	15			

表 1-82 不同整地方式对 11 年杂种落叶松纤维素含量的影响

	平方和	自由度	均方	F 值	Sig.
组间	0.701	3	0.234	0.098	0.959
组内	28.484	12	2.374		
合计	29.185	15			

分析结果中检验值 F 分别为 0.769、1.376、0.554 和 0.098，均小于 $F_{0.05}=2.60$，说明整地方式对杂种落叶松的纤维素含量影响不大，而且 F 值有逐渐下降的

趋势，这就意味着整地方式对杂种落叶松纤维素含量的影响越来越小。

（六）杂种落叶松定向培育模式

基于前面杂种落叶松的研究结果，可以选择地位指数在 14 以上的立地作为培育杂种落叶松纤维用材林的立地条件，其具体立地类型为谷地草甸土、谷地厚层土、缓坡厚层土、缓坡中层土及斜坡厚层土等 5 个立地类型。其他立地类型一般不适于培育杂种落叶松优质木结构用材原料林。结合本研究中对杂种落叶松材性分析结果、林分结构特点、林分生长规律的分析，确定了杂种落叶松的优质木结构用材原料林的定向培育模式。

各模式相同部分有：立地条件为谷地草甸土及谷地厚层土立地类型，地位指数 15.76。保证造林成活率 95%以上，不足可于翌年春季用同龄苗补植达到设计密度；幼林抚育 3 年（第一年第一次进行扩穴、培土、扶正、踏实，第二次行状或穴状除草；第二年第一次进行除草、培土，第二次行状除草；第三年一次带状除草割灌）。

模式 1

培育目标：小径材、纸浆材；

造林密度：3 300 株/hm^2，株行距 1.5 m × 2.0 m；

整地方式：秋整地，揭草皮，60 cm × 60 cm。

模式 2

培育目标：小径材、纸浆材；

造林密度：4 400 株/hm^2，株行距 1.5 m × 1.5 m；

整地方式：秋整地，揭草皮，60 cm × 60 cm。

模式 3

培育目标：中径材；

造林密度：2 500 株/hm^2，株行距 2 m × 2 m；

整地方式：秋整地，穴状整地，50 cm × 25 cm。

模式 4

培育目标：中径材；

造林密度：3 300 株/hm^2，株行距 1.5 m × 2.0 m；

整地方式：秋整地，穴状整地，50 cm × 25 cm。

三、小结

本研究对不同造林模式下杂种落叶松优质木结构用材原料林的生长及材性做了系统的分析，得出如下主要结论。

（1）地位指数 14 以下时，从成活率、保存率、地径和苗高等指标来看，杂种落叶松的生长较差。因此，建议在营造杂种落叶松林时选择立地条件相对较好的地点，充分体现杂种落叶松的生长优势。

（2）4 种整地方式的造林成活率及保存率均达到了 90% 以上，高台和穴状两种整地方式对杂种落叶松幼龄期的地径及苗高生长量起到了极大的促进作用。随着林龄的增长，揭草皮方式的作用效果越来越显著，在杂种落叶松 14 年时，揭草皮与穴状两种整地方式下的平均胸径较大，整地方式对杂种落叶松生长的作用效果为揭草皮>穴状整地>高台整地>现整现造。

（3）3 种抚育方式下杂种落叶松的造林成活率及保存率只有 2:2:1 超过了 90%。2:2:1 方式对杂种落叶松幼龄期的地径及苗高生长量的作用效果都比较明显，2:1:1 次之，2:1 最差。

（4）本章对不同造林密度下杂种落叶松的胸径、树高、胸高断面积、材积等生长指标进行了研究与分析，得出造林密度对杂种落叶松胸径、单株材积、冠幅都有比较显著的影响，造林密度越大，林分的平均胸径越小，单株材积越小，冠幅也越小。造林密度对林分的平均树高、胸高断面积、公顷蓄积等影响不显著。在干形控制方面采用了形数和形率两个指标进行分析，造林密度为 3 300 株/hm² 和 4 400 株/hm² 的林分，其林木相对较为饱满，可见，有效地控制林分密度对干形有一定的改善作用。

本章还对杂种落叶松的出材率和合理经营密度进行了预测。目前杂种落叶松林龄只有 14 年，胸径都在 20 cm 以内，所以只能出小径材，4 种造林密度中，3 300 株/hm² 的林分，小径材的出材率最大，可以达到 75.78%。研究还得出，14 年杂种落叶松的合理经营密度为 2 441 株/hm²，而当前 4 种造林密度的保留密度分别是 2 314 株/hm²、2 467 株/hm²、3 034 株/hm² 和 3 667 株/hm²，因此,造林密度为 4 400 株/hm² 和 6 600 株/hm² 的林分,应当适当地进行间伐,当前的保留密度已经在某种程度上限制了杂种落叶松的生长。

（5）杂种落叶松优质木结构用材原料林的木材密度在 0.55~0.65 g/cm³,基本满足纤维用材林造纸的工艺要求。纤维长度、宽度以及纤维长宽比、纤维素含量都随着林龄的增加而逐渐增大,11 年杂种落叶松的纤维素平均含量为 50.41%,可满足造纸的要求,是较长白落叶松更优质的木结构用材原料林。

①8 年时,4 种造林密度的木材密度有些差异,但随着林龄的增加,木材密度大的增长率逐渐降低,而木材密度小的增长率却逐渐增大。在 11 年时,4 种造林密度下杂种落叶松的平均木材密度基本达到稳定状态,造林密度对其纤维长度和宽度的影响较为显著,造林密度大的林分,纤维长度大,宽度相对就小些;而造林密度小的林分,纤维短而宽。造林密度对杂种落叶松的纤维素含量没有显著性影响,作用效果随着林龄的增大而削弱。

②4 种整地方式中,高台整地方式下杂种落叶松木材密度的增长速度最快,在 11 年时杂种落叶松的平均木材密度为高台整地>揭草皮>穴状整地>现整现造,整地方式对杂种落叶松平均木材密度的影响效果不显著,而且随着林龄的增大而逐渐减弱;整地方式对杂种落叶松纤维长度的影响不大,对纤维宽度的影响非常显著,揭草皮方式下的纤维宽度最大,其余三者差异不大;整地方式对杂种落叶松的纤维素含量没有显著性影响,作用效果随着林龄的增大而削弱。

（6）从杂种落叶松的生长趋势和材性的变化规律上看,11 年的杂种落叶松正处于速生期阶段,各材性指标也逐渐升高,但增加幅度越来越小。从林分生长过程和经济角度看,杂种落叶松适合培育纤维用材林,培育纤维用材林与大径材兼容林将会是一种较佳的模式。

（7）提出了杂种落叶松的 4 种最佳的定向培育模式,为今后的杂种落叶松优质木结构用材原料林在黑龙江省林区大面积推广与应用提供了理论和技术支撑。

第二章 山杨新品种选育及培育技术研究

第一节 概述

山杨（*Populus davidiana* Dode）、大青杨（*Populus ussuriensis* Kom.）是我国东北地区重要的山地杨树品种，具有适应性强、生长迅速、材质优良等特性，是纸浆材和胶合板材的优质原料，在大面积营造速生丰产用材林、工业原料林、纸浆原料林等人工商品林的造林工程中占据重要地位，在保持水土、涵养水源、调节气候等方面发挥着重要的生态作用，是维系我国东北地区生态环境和建设全国木材生产基地方面重要的乡土速生树种，具有广阔的应用发展前景。

山杨，也称中国山杨，是我国北方乡土树种之一，是白杨派的重要树种。它分布广泛，遍布北纬 20°~55°，东经 100°~135°，在海拔 200~3 500 m 范围内均有分布，黑龙江、吉林、华北、西北、内蒙古、华中及西南高山地区均可见山杨成片的纯林、散生林、混交林。山杨为强阳性树种，对土壤的要求不高，耐寒冷、耐干旱，可在微酸性、中性甚至轻度盐碱的瘠薄土壤中生长。它具有很强的根萌分蘖能力，形成的侵移林分能在郁闭度较高的密集林中正常生长，能够迅速占领迹地，恢复撂荒、火烧或采伐后的森林，是森林更新的先锋树种。

山杨物理力学性质良好，木材白色、轻软、富有弹性，结构均匀，纹理通顺。其木材用途广泛，用于造纸时不必填充其他材料，也是制造胶合板、刨花板、火柴等的高品质原材，可供民房建筑等使用。山杨优树与意大利杨、小黑杨进行比较，山杨优树纤维长度均值为 1 136.4 μm，较意大利杨（1091.75 μm）高出 4.09%，比小黑杨高出 5.71%；纤维长宽比为 67.64，比意大利杨（49.55）高出 36.51%，比小黑杨（41.97）高出 61.16%。

山杨的研究早期主要集中于无性繁殖技术以及优良纸浆材选择，目前多集中于杨树组织培养技术、分子标记、转基因技术以及多倍体诱导的研究。

大青杨，又称憨大杨、哈达杨，是我国东北林区特有的乡土树种。其树高可达 30 m 左右，胸径可达 2 m，自然分布于我国东北的长白山、小兴安岭林区，在俄罗斯的远东地区和朝鲜也有分布，是东北三省东部山区森林更新的主要树种之一。大青杨是早期速生的青杨派树种，垂直分布可达海拔 300 ～ 1 400 m，可自然生长在山坡中下腹和缓坡地、平坦地、河流两岸、溪边谷地。它具有生长快、耐旱耐寒、耐贫瘠、树形高大、抗病性强的特点，是改善生态环境的优良树种。

大青杨木质轻软、细密、洁白，树干通直，是造纸、建筑行业的优良原料。大青杨喜光、耐寒，喜湿润，喜排水良好、土壤肥沃的环境，适应能力强，无性繁殖容易，应用广泛。

大青杨的研究主要集中在种质资源评价、遗传分化与基因流研究、无性繁殖技术、组织培养技术、杂交育种技术及转抗性基因技术等方面。我国东北地区青杨派树种中大青杨是利用价值最大的树种。

第二节　中国山杨与美洲山杨杂交育种的研究

一、材料和方法

1.试验材料

杂交母本选用中国山杨。其母株采自"八五"期间确定的来自苇河、带岭、吉林、铁力、迎春曙光和江山娇等林业局的优良种源优树。根据山杨优树选择的标准和要求选取亲本，现场计算优树、优势木的树高和胸径。选择的优树树龄为 25～50 年，树高 18～25 m，其胸径、树高都大于优势木 10%～25%，树干圆满通直，生长健壮，无病虫害。

杂交父本选用美洲山杨（*P. tremuloides*）。美洲山杨由美国明尼苏达大学山杨研究中心提供花粉。美洲山杨分布于北美洲的广大地区。某些杂种植株是欧洲山杨与美洲山杨杂交而成，生长极为迅速，干形好。美国明尼苏达大学山杨研究中心从 1956 年开始进行美洲山杨选优，上述亲本为 1956 年以来选取的优良无性系。

2.试验方法

1995 年 3 月，黑龙江省林业科学研究所与美国明尼苏达大学合作交换花粉，获得美洲山杨花粉 8 份，开始与中国山杨 7 个种源（苇河青山、带岭、吉林、铁力、迎春曙光、江山娇、哈尔滨市）11 株优树进行人工控制杂交（表2-1），共进行 88 个杂交组合。4 月 5 日收集种子，在温室中播种育苗，7 月10 日移栽至苗圃地。采用随机区组设计，由于各杂交组合数量不等，以及圃地面积小、环境差异忽略，未设重复。

表 2-1　中国山杨与美洲山杨杂交育种交配设计

母本（编号）	父本（编号）							
	T-6-61 (a)	T-12-67 (b)	Ta-10 (c)	T-201-68 (d)	T-44-60 (e)	T-28-56 (f)	T-20-60 (g)	T-32-57 (h)
植物园	(A) Aa	Ab	Ac	Ad	Ae	Af	Ag	Ah
青山 3	(B) Ba	Bb	Bc	Bd	Be	Bf	Bg	Bh
带秀 7	(C) Ca	Cb	Cc	Cd	Ce	Cf	Cg	Ch
带秀 1	(D) Da	Db	Dc	Dd	De	Df	Dg	Dh
吉林	(E) Ea	Eb	Ec	Ed	Ee	Ef	Eg	Eh
铁力 032	(F) Fa	Fb	Fc	Fd	Fe	Ff	Fg	Fh
铁力 031	(G) Ga	Gb	Gc	Gd	Ge	Gf	Gg	Gh
曙光 1	(H) Ha	Hb	Hc	Hd	He	Hf	Hg	Hh
青山 2	(I) Ia	Ib	Ic	Id	Ie	If	Ig	Ih
江山娇 8	(J) Ja	Jb	Jc	Jd	Je	Jf	Jg	Jh
江山娇 6	(K) Ka	Kb	Kc	Kd	Ke	Kf	Kg	Kh

1999 年 10 月，调查中国山杨与美洲山杨杂交子代的树高、胸径、病害和虫害，采用 SPSS（statistical package for the social science）10.0 for Windows软件进行统计分析。

采用组培方法对中国山杨与美洲山杨杂交子代进行扩繁，1997 年 9 月采用营养杯苗栽植，采用随机设计，1 m×1 m 株行距。1999 年 10 月，调查其胸径和树高。

采用 Li 6400-portable Photo-synthesis 光合测定仪测定光合强度。

纤维长度和纤维宽度测定方法采用常规测定法。

二、结果与分析

（一）中国山杨与美洲山杨杂交种子比较

以中国山杨为母本、以美洲山杨为父本进行控制杂交。通过试验，中国山杨与美洲山杨杂交比较容易，但在 88 个杂交组合中，有 63 个杂交组合获得种子，46 个杂交组合培育出苗木，这是因为一方面美洲山杨的花粉经长途运输，保存时间长，有的花粉不是当年采集；另一方面，有的山杨雌株的枝条太小，其枝条养分不能维持至种子成熟。

从中国山杨与美洲山杨杂交产生种子的数量来看，在山杨母本中，尤以苇河青山、带岭种源较好；在父本中以 T-6-61、Ta-10、T-32-57 和 T-201-68 为好。

（二）优良杂交组合筛选

对中国山杨与美洲山杨杂交子代 5 年的调查结果（表 2-2）进行方差分析（表 2-3 和表 2-4），结果表明：无论母本、父本，还是母本与父本的交互作用，对中国山杨和美洲山杨杂交子代树高的影响差异不显著；但母本和父本对其子代胸径的影响差异显著，母本与父本的交互作用对其子代胸径的影响差异极显著。

表 2-2　中国山杨与美洲山杨杂交子代的生长指标

杂交子代	树高平均值	树高标准差	胸径平均值	胸径标准差
Ba62	4.30	0.424 3	2.25	0.212 1
Bc11	4.15	0.785 3	2.75	1.181 8
Bc61	3.90		2.10	
Bd21	4.18	0.708 5	2.54	0.602 5
Bd44	5.05	0.777 8	2.95	0.919 2
Bf52	5.23	0.513 2	5.10	2.338 8
CK	3.86	0.910 2	2.06	0.919 5
Ca42	5.03	0.152 8	3.36	0.896 3
Ca73	3.85	0.704 7	2.02	0.736 5
Ca82	4.47	0.708 9	2.40	0.945 2

续表

杂交子代	树高平均值	树高标准差	胸径平均值	胸径标准差
Cc73	4.50		5.80	
Cd83	4.45	0.636 4	2.45	0.919 2
Cf41	4.56	0.750 6	2.40	0.793 0
Cf81	3.70		2.60	
Da31	3.93	0.513 2	2.36	0.838 6
Da72	3.95	0.071 0	1.55	0.212 1
Dc32	3.83	0.288 7	1.53	0.152 8
Dc61	4.46	0.676 8	2.40	0.738 2
Dc81	3.90	0.565 7	1.65	0.353 6
Dd51	4.28	0.932 6	2.55	1.031 0
Df21	4.24	0.517 8	0.76	1.259 2
Df33	3.50	0.707 1	2.40	1.414 2
Df91	4.54	0.384 7	2.94	0.378 2
Ff12	4.30	0.205 0	3.13	1.050 4
Gd31	5.12	0.176 8	2.95	0.353 6
Gd82	4.20	1.010 0	2.57	0.694 6
Gh32	5.33	0.152 8	3.60	0.624 5
Hf84	4.45	0.557 7	3.01	0.957 9
Ic22	4.35	0.488 9	3.18	1.248 1
Ic43	5.22	0.170 5	3.52	0.537 7
Ie45	4.64	0.498 0	2.60	0.745 0
If41	4.70		3.60	
If71	4.70	0.282 8	3.00	
Ja72	4.05	0.310 9	1.90	0.244 9
Jg71	4.15	0.212 1	2.15	0.071 0
总计	4.36	0.673 1	2.69	1.048 6

表 2-3　中国山杨与美洲山杨杂交子代的胸径方差分析表

变因	自由度	平方和	均方	F 值	显著水平
母本	7	12.667	1.810	2.209	0.040
父本	6	14.561	2.427	2.962	0.011
母本×父本	6	23.645	3.941	4.811	
误差	100	81.921	0.819		
总计	120	131.948			

表 2-4　中国山杨与美洲山杨杂交子代的树高方差分析表

变因	自由度	平方和	均方	F 值	显著水平
母本	7	2.597	0.371	0.868	0.535
父本	6	2.545	0.424	0.992	0.435
母本×父本	6	2.241	0.373	0.874	0.517
误差	100	42.743	0.427		
总计	120	54.360			

母本与父本对其子代的胸径和树高生长效应见表 2-5、表 2-6。从表 2-5 可以看出，母本对子代树高的影响以 G、I、B、H 为好，母本对子代胸径的影响以 F、I、B、H 为好。综合子代其他方面，初步认为 I（苇河青山）、B（苇河青山）和 H（迎春）较好。在表 2-6 中，父本对子代树高的影响以 H、E、D、F 为好，父本对子代胸径的影响以 H、F、C 为好。综合子代其他方面，初步认为 H（T-32-57）和 F（T-28-56）较好。

表 2-5　中国山杨与美洲山杨杂交子代的母本效应

母本	树高			胸径		
	平均值	标准差	比 CK 提高百分数	平均值	标准差	比 CK 提高百分数
Ck	3.86	0.910 2		2.06	0.919 5	
B	4.45	0.741 7	15	3.02	1.456 4	46
C	4.39	0.692 3	13	2.71	1.171 3	31
D	4.18	0.610 2	8	2.41	0.929 7	16
F	4.30	0.205 0	11	3.13	1.050 4	51
G	4.72	0.789 1	22	2.90	0.741 6	40
H	4.45	0.557 7	15	3.01	0.957 9	46
I	4.68	0.497 3	21	3.10	0.879 8	50
J	4.08	0.263 9	5	1.98	0.231 7	-4
总计	4.36	0.673 1		2.69	1.048 6	

表 2-6　中国山杨与美洲山杨杂交子代的父本效应

父本	树高			胸径		
	平均值	标准差	比 CK 提高百分数	平均值	标准差	比 CK 提高百分数
Ck	3.86	0.910 2		2.06	0.919 5	
A	4.22	0.592 0	9	2.27	0.790 4	10
C	4.36	0.637 4	12	2.76	1.198 6	33
D	4.41	0.801 2	14	2.61	0.727 7	26
E	4.64	0.498 0	20	2.60	0.745 0	26
F	4.42	0.582 7	14	3.05	1.214 1	48
G	4.15	0.212 1	7	2.15	0.070 7	4
H	5.33	0.152 8	38	3.60	0.624 5	74
总计	4.36	0.673 1		1.048	6	

（三）杂交子代无性系比较

从山杨杂种无性系试验林调查情况（表 2-7）来看，中国山杨与美洲山杨杂交种栽植成活率大都在 60%～90%，经过对 5 年生杂交种实生苗和 3 年生杂交种无性系组培苗抗寒性调查，所有杂交种实生苗和无性系组培苗都没有冻害，抗寒能力较强。中国山杨与美洲山杨杂交子代测定林，病虫害较少，生长较本土山杨快，材质好，抗逆性强，是未来山地造林最有希望的杨树品种。

　　通过用光合测定仪测定中国山杨与美洲山杨的光合强度（表 2-7）可以看出，在相同条件下，16 号（Id42-3）、14 号（Ca42-1）和 9 号（Bd44-1）、13 号（Gh32-2）生长速度快、光合能力较强；但在纤维长度和纤维宽度材性指标测定（表 2-8）上，差异并不显著。

表 2-7　山杨杂种无性系的成活率、生长指标和光合速率

编号	无性系号	成活率/%	树高/m	胸径/cm	光合速率/(μ mol · m^{-2} · s^{-1})
1	X2T10-1	100.0	1.86	1.26	13.70
2	X2T10-2	60.0	2.00	1.30	13.00
3	Q2Y-1(CK)	90.9	2.48	1.40	10.50
4	Q2Y-2(CK)	80.0	1.80	1.05	8.10
5	X2T10-3	100.0	2.75	1.65	6.34
6	Q2Y-3(CK)	94.7	3.35	1.93	5.49
7	If71-1	100.0	3.60	2.02	12.40
8	SY1	100.0	3.70	2.32	12.60
9	Bd44-1	91.7	3.37	2.43	18.80
10	Id42-2	76.2	3.61	2.07	13.10
11	YS2	90.9	3.56	2.26	14.40
12	Gd31-1	95.0	3.43	1.94	17.20
13	Gh32-2	90.5	3.67	1.94	18.80
14	Ca42-1	86.4	3.48	2.44	18.90
15	Gd42-1	90.5	3.52	2.79	17.10
16	Id42-3	93.6	4.16	3.26	19.20

表 2-8　山杨无性系纤维性状测定

无性系	纤维长度	纤维宽度	纤维长宽比
Dc32-2	0.630 0	0.010 1	62
Dd51	0.530 0	0.009 4	56
Df21-2	0.500 0	0.009 6	52
Ic43	0.510 0	0.008 9	57
Bc61	0.510 0	0.009 0	56
Df21-1	0.510 0	0.009 3	54
Da31-1	0.560 0	0.012 6	44

续表

无性系	纤维长度	纤维宽度	纤维长宽比
Ff12-1	0.560 0	0.011 9	47
Dc32-1	0.530 0	0.010 4	50
Ba62	0.590 0	0.009 1	64
Ff12-2	0.560 0	0.012 0	46
Dd51-1	0.450 0	0.008 1	55
Da31-2	0.440 0	0.008 1	54
Ad63	0.620 0	0.011 9	56
CK1	0.584 7	0.009 4	62
CK2	0.518 6	0.009 4	55
If71-1	0.491 4	0.010 0	49

（四）中美山杨新品种审定

1. 品种

中文名：中美山杨 1 号

　　　　中美山杨 2 号

　　　　中美山杨 3 号

拉丁名：*Populus davidiana × Populus tremuloides* CL. '1'

　　　　Populus davidiana × Populus tremuloides CL. '2'

　　　　Populus davidiana × Populus tremuloides CL. '3'

2. 亲本来源

中美山杨 1 号——母本：黑龙江省苇河青山种源山杨优树

　　　　　　　　父本：美洲山杨无性系 Ta-10

中美山杨 2 号——母本：黑龙江省苇河青山种源山杨优树

　　　　　　　　父本：美洲山杨无性系 T-201-68

中美山杨 3 号——母本：黑龙江省带岭种源山杨优树

　　　　　　　　父本：美洲山杨无性系 T-28-56

母本选择标准：抗寒性强，材质优良；

父本选择标准：生长迅速，心腐率低，干形良好。

3. 选育过程

1995 年，黑龙江省林业科学研究所从美国明尼苏达大学山杨研究中心引进 8 个美洲山杨优良无性系花粉，与 7 个中国山杨优良种源 11 株优树进行室内切枝杂交育种，共设计 88 个杂交组合，获得 63 个杂交组合的 8 000 多粒种子，经温室播种育苗、圃地移栽、苗期选择、家系选择、无性系选择等过程，选育出符合育种目标的中美山杨 1 号、2 号、3 号优良无性系。

4.适宜范围

根据区域栽培试验结果，3 个优良无性系适宜在北纬 47° 以南包括黑龙江、吉林、辽宁及内蒙古坡度≤15° 的山地及平原进行栽培。

5.品种特性

生长速度快、材质优良、心腐率低，可作为纸浆、单板等工业原料林造林树种；干形通直、抗性强、适生范围广，可作为生态公益林的造林树种。

6.主要技术、经济指标

选育出的中美山杨新品种圃地成苗率达 70%以上；示范林中，成活率达 90%以上；生长量较亲本提高 20%以上，树高、胸径生长量超过对照山杨 101.9% 和 175.2%，纤维长度及长宽比分别是天然山杨的 179%和 268%。

7.抗寒性

抗寒能力较强，可在年活动积温 2 300 ℃以上、海拔 500 m 以下的山地进行造林。

8.区域试验林生长情况

1998 年，在哈尔滨市营造中美山杨试验林，2010 年冬季调查，中美山杨 1 号平均高达 18.6 m，平均胸径达 22.66 cm；中美山杨 2 号平均高达 17.2 m，平均胸径达 21.18 cm；中美山杨 3 号平均高达 17.9 m，平均胸径达 22.33 cm。

各品系树高、胸径生长量显著超过对照山杨，12 年生试验林未见心腐，无冻害，生长速度快，生长量较亲本提高 20%以上，纤维长度及长宽比方面表现优异，分别是天然山杨的 179%和 268%。

三、小结

（1）中国山杨与美洲山杨杂交，亲本的效应是很明显的。中国山杨做母本时，以 I（青山 2）和 B（青山 3）即苇河种源较好，美洲山杨做父本时，

H9（T-32-57）、F（T-28-56）较好。

（2）在中国山杨与美洲山杨杂交种无性系试验林中，Id42-3、Gh32-2、Ca42-1 和 Bd44-1 生长速度快、光合能力较强，抗病虫能力强，可作为目标种。

（3）中国山杨与美洲山杨杂交种的无性系经过进一步测定，选育并审定新品种 3 个，分别为中美山杨 1 号、2 号、3 号。

第三节　中国山杨与美洲山杨杂交优良品系无性繁殖技术研究

一、山杨优良无性系工厂化育苗的生产流程

山杨优良无性系工厂化育苗是利用组培快繁技术进行组培苗生产，并利用营养杯培育造林的健壮苗木。对生产的各个环节进行总结筛选，将山杨优良无性系工厂化育苗生产流程概括为图 2-1。

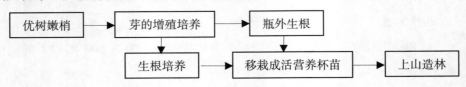

图 2-1　山杨优良无性系工厂化育苗生产流程图

二、组织培养技术

以中美山杨 2 号（ZM2）为例阐述山杨优良无性系组培技术及其生产全过程。

（一）取材及保存

外植体的选择在植物微繁中是非常重要的一个问题。有研究表明，一株树的不同组织或部位在器官发生能力上有相当大的差别。适宜的采条时间为年底 12 月至翌年春 3 月，取材时应选取树龄为 2～4 年、中上部枝条生理成熟度较低的母树，采下的枝条修剪好用塑料包好，存放在 −5～−2 ℃的冰箱中，在接种前 20 d 左右取出，在室温下水培，待休眠芽萌动抽出嫩

枝后，即可接种。

（二）不定芽的诱导

1.外植体的消毒处理

外植体经剪除叶片后,剪成带 1～2 个腋芽的茎段,置流水中冲洗 2～3 h,经无菌水清洗 3 遍后在无菌条件下进行以下操作:

（1）用体积分数 75%的酒精消毒 15～20 s，用无菌水冲洗 1 遍;

（2）用 0.1%HgCl$_2$ 溶液振荡浸泡 2～3 min，用无菌水冲洗 5 遍。

2.外植体的诱导

在无菌条件下，沥干消毒好的外植体，将两端切成斜切面，然后插于芽诱导培养基中，置于 23±2 ℃的培养室中培养，每天光照 10 h，光照强度 2 000 lx（以下培养室条件与此相同）。随时剔除污染的材料,将获得的无菌材料转入芽诱导培养基上培养。芽的诱导培养基为 WM+6-BA 0.5 mg/L+蔗糖 20 g/L+琼脂 5.5g /L，pH 值为 5.8。接种 10 d 左右有腋芽萌动,20 d 后将 0.5 cm 以上的腋芽接种到增殖培养基中扩繁。

3.芽的继代增殖培养

在诱导形成芽丛后，即可进行芽的增殖培养基筛选试验。改良的 WPM 基本培养基，附加激素 BA 0.5 mg/L、NAA 0.03 mg/L，增殖系数高达 4.5，且无菌苗生长健壮，无玻璃化现象。

实验中蔗糖的用量不当、激素的配比不同、封口材料以及光照强度的不适都会导致苗木玻璃化现象产生。对已经产生玻璃化的苗木,采用低浓度（BA 0.01～0.05 mg/L）甚至无激素的培养基，蔗糖用量调整到 20～25 g/L，使用透气性好的封口膜如牛皮纸、带透气孔的塑料膜，适当增加苗木光照（3 000～4 000 lx）均可有效地将玻璃化的苗木恢复正常。

4.芽的生根培养

以中美山杨杂种试管苗生根的培养基为中等无机盐浓度的 1/2MS 和改良的 WPM 基本培养基，采用生长素组合 IBA1.5 mg/L+NAA0.01～0.02 mg/L 的生根效果高达 92.8%～93.0%，根系生于根基部，根系发达，生根数可多达 10 条。

（三）嫩枝基质扦插技术

为了缩短育苗周期、降低生产成本，国内外许多学者就现有的生根和驯化程序进行了改进，从而产生了试管苗瓶外生根技术。从继代增殖培养的组培无菌苗中剪取 1~2 cm、带有一个腋芽及叶片的茎段为插穗，将嫩茎在 100×10^{-6} 的生根粉溶液中速蘸后扦插，扦插基质为经过灭菌的珍珠岩。育苗盘用塑料薄膜密封，扦插后每 30 min 喷雾加湿 10 min，湿度保持在 90%~100%，温度 25 ℃，20 d 后可取出苗盘，直接进行人工雾状喷水，生根率达到 85%，成活率为 80% 以上。

（四）炼苗技术

山杨移栽苗成活率较低一直是备受关注的问题，由于组培苗自身生长状况、移栽时机、移栽基质以及管理的不同，将会得到不同的移栽效果。

1.试管苗瓶内炼苗技术

瓶内炼苗技术是比较经典、传统的炼苗方式，在条件优越的温室内可不分季节随时使用此种方法进行炼苗。当幼苗形成发达的根系，就可移栽在已消毒过的营养杯里，移栽前组培苗可敞开封口在自然光下进行抗性锻炼 3~5 d，使嫩茎达到半木质化状态，基本适应了外界环境后，移栽到较适宜的基质中，移栽时将组培苗的根系保留 1.0~1.5 cm，多余剪去，用 800 倍的多菌灵浸泡 15 min，冲洗干净，将幼苗移入土中，初栽的幼苗不能完全适应自然环境，须在移栽后 7~10 d 内半封闭，温度在 20~24 ℃为宜。适当雾状喷水，度过缓苗期后，小苗生长挺拔，有新叶长出，这时可以将移栽苗完全裸露在自然条件下，正常生长和管理。在全自动阳光智能温室内用此种方法炼苗，成活率达到 90% 以上。

2.试管苗瓶外炼苗技术

在温室条件比较简陋，不能达到恒温、恒湿的条件下，经常会因为温室光线过强、温度过高，导致炼苗期间苗木徒长、培养基污染、苗木茎部腐烂，以及移栽后易染立枯病等情况，致使苗木移栽成活率降低至 50% 以下，使育苗成本翻了两番以上。而选择试管苗瓶外炼苗技术可使移栽成活率提高到 95%

以上。

　　具体移栽方法：将生长健壮的生根试管苗直接由培养基中拔出，洗掉根上附着的培养基，将根放入质量分数 0.5%的高锰酸钾溶液中灭菌后直接栽入已灭菌的装有蛭石的育苗盘内，当日浇透水，以后 3 d 内覆膜保持湿度，第 4～10 天逐渐揭去塑料膜，其间第 2 天、第 7 天分别以 1/4MS 培养基大量元素溶液代替水进行喷雾，整个过程需要精心管护，保证小苗叶子不干枯。7～15 d 苗木长出新根后，连同附着在上面的蛭石一起植入育苗容器内，在温室中缓苗 2～3 d，移入自然光下，正常管理。

　　（五）容器苗培育技术

1.育苗纸筒工厂化育苗技术

　　育苗纸筒为黑龙江省造纸研究所研制的苗木繁育专用纸筒，筒高 15 cm，直径 5 cm，是由单个六棱柱式纸筒集合而成的蜂窝纸容器。适应机械或手工作业的就地育苗，单位面积产量比塑料杯提高 20%左右，省地、省工、省力。育苗纸筒工厂化育苗主要步骤如下。

　　（1）配制营养土。

　　土壤配方为园土:草炭:细沙 = 1:1:1 或园土:细沙:厩肥 = 3:2:1。营养土均匀混拌，过筛，粒度 7 mm 左右。

　　（2）育苗纸筒装土。

　　将育苗纸筒展开，放至移栽苗木的准确位置，将混合好的基质装实，表面要平，填至距纸筒口 5 mm 左右，浇透水。

　　（3）苗木的移栽与管理。

　　将已生根的小苗移入营养杯中，注意使根舒展、苗木栽紧。移栽后 2 d 内需覆膜，保证叶片不干枯，移栽 7 d 内需遮阴，之后正常浇水，在造林前不需额外施肥。

2.轻基质网袋工厂化育苗技术

　　轻基质网袋容器育苗具有基质透气、透水、透根性能好，可进行空气修根，以及容器重量小、苗木运输便利等优点。与常规方法培育的容器苗相比，其根系发达，移栽不需脱容器，造林成活率高。育苗主要步骤如下。

（1）轻基质的配制与灌装。采用中国林业科学研究院林业研究所工厂化育苗研究中心研制的轻基质网袋制作机及其提供的半降解性的无纺纤维材料，以稻壳、腐殖土为基质，按基质配方：稻壳 65%+腐殖土 35%，用搅拌筛分机进行配制，灌装基质，制成口径为 4.5 cm 的轻基质育苗容器，统一采用 0.1% 的高锰酸钾溶液浸泡 12 h 以上，切成 12 cm 长的小段，然后装入塑料托盆，搬运到育苗场地，整齐摆放于育苗架上，供育苗用。

（2）苗木的移栽与管理。

移栽前 1 d，用花洒将容器基质淋透。移栽方法参照育苗纸筒育苗法。

轻基质网袋育苗苗期生长要注意水肥的管理，特别是水的管理，幼苗期淋水不宜过多，更不能缺水，容器表面发白即应浇水，否则苗木一旦出现枝叶干枯即难以恢复生长或导致死亡。芽苗恢复生长后约 30 d，用复合肥和尿素各等量拌匀，每隔 10 d 追施 1 次，施肥浓度按 0.5%，随着苗木增大，浓度逐渐增加，最多不超过 1%，同时施肥后用清水冲洗叶面，以免肥害。芽苗移栽成活后，每月用波尔多液、多菌灵药液交替喷洒 1 次，以防止立枯病发生。

3.聚氯乙烯塑料杯工厂化育苗技术

育苗容器采用购于市场的聚氯乙烯塑料杯，杯高 10 cm，直径 10 cm。其营养土的配制、灌装，以及苗木移栽管理等均可参考以育苗纸筒为容器的工厂化育苗方式，此种容器适于在土地充足的条件下使用。

三、小结

针对山杨扦插生根困难的特性，开展了以组织培养为核心的无性繁殖配套技术体系的研究和容器苗培育技术的研究。通过试验分析得出以下结论。

（1）在不定芽诱导阶段，采取先用体积分数 75% 的酒精消毒 15～20 s，再用质量分数 0.1% 的 $HgCl_2$ 溶液振荡浸泡 2~3 min 的方法，接种到 WM+6-BA 0.5 mg/L+蔗糖 20 g/L+琼脂 5.5 g/L，pH 值为 5.8 的培养基中，不定芽诱导率达到 69%～72%。

（2）在芽的继代增殖培养阶段，利用改良的 WPM 基本培养基，附加激素 BA 0.5 mg/L、NAA 0.03 mg/L，增殖系数高达 4.5，且无菌苗生长健壮，无玻璃化现象。采用低浓度（BA 0.01~0.05 mg/L）甚至无激素的培养基，蔗糖用量调整到 20~25 g/L，利用透气性好的封口膜如牛皮纸、带透气孔的塑料膜，适当增加苗木光照（3 000~4 000 lx）均可有效地将玻璃化的苗木恢复正常。

（3）在芽的生根培养阶段，中美山杨杂种试管苗生根的培养基为 1/2MS 和改良的 WPM 基本培养基，采用生长素组合 IBA1.5 mg/L+NAA 0.01~0.02 mg/L 的生根效果高达 92.8%~93.0%，根系生于根基部，根系发达，生根数可多达 10 条。

（4）为了缩短育苗周期、降低生产成本，从继代增殖培养的组培无菌苗中剪取 1~2 cm、带有一个腋芽及叶片的茎段为插穗，将嫩茎在 100×10^{-6} 的生根粉溶液中速蘸后扦插。插后 1~7 d 内严格控制空气湿度在 90%~100%、温度在 25 ℃，在 8~15 d 逐渐降低空气湿度至 30%，生根率达到 85%，成活率可达 90%以上。

（5）利用轻基质网袋作为容器进行工厂化育苗，苗木移栽成活率可达到 92.46%，减少运输和造林成本 35%~40%，造林成活率达到 89.57%。

第四节　中国山杨与美洲山杨采穗圃建设技术

一、采穗圃建设地点的选择

（一）圃地选择原则

选择地势平坦、土层深厚、排水良好，并具有灌溉条件的沙壤土做圃地。地势低洼、盐碱地、风沙地和黏重土壤，则不能做圃地。

（二）圃地建设地点与规模

1.黑龙江省林业科学研究所中美山杨采穗圃

黑龙江省林业科学研究所位于哈尔滨市，东经125°42′~130°10′，北纬44°04′~46°40′，地处中国东北北部地区、黑龙江省南部。哈尔滨境内的大小河流均属于松花江水系和牡丹江水系，全年平均降水量 569.1 mm，夏季降水量占全年降水量的 60%。哈尔滨的气候属中温带大陆性季风气候，特点是四季分明，冬季 1 月平均气温约 –19 ℃，夏季 7 月的平均气温约 23 ℃。

黑龙江省林业科学研究所采穗圃，建设面积 1 亩。建设采穗圃的优良品种包括中美山杨 1 号、中美山杨 2 号、中美山杨 3 号、中美山杨其他杂交优良无性系 8 个。

2.黑龙江省林口县青山林场中美山杨采穗圃

黑龙江省林口县青山林场种子园，地处东经 130° 34′，北纬 45° 23′，海拔 400 m，属完达山脉。本区年平均气温 2.6 ℃，极端最高气温 34 ℃，极端最低气温 –39.8 ℃。年降水量 500 mm，年平均湿度 68%，≥10 ℃的年积温 2 390 ℃，无霜期 110~120 d，西南坡坡度 5° ~10°，原植被为山杨、黑桦、蒙古栎次生林，周围 500 m 范围内没有落叶松林，土层厚 30~50 cm，相对高程 30 ~ 80 m，历年都能躲过当地的灾害性晚霜和早霜。无霜期比当地农田长 15~20 d。

黑龙江省林口县青山林场采穗圃，建设面积 3 亩。建设采穗圃的优良品种包括中美山杨 1 号、中美山杨 2 号、中美山杨 3 号、中美山杨其他杂交优良无性系 5 个。

3.黑龙江省双丰林业局中美山杨采穗圃

双丰林业局位于小兴安岭南麓、呼兰河中上游南岸，南起北纬 46° 23′，北至北纬 46° 49′，西起东经 127° 23′，东至东经 128° 27′。施业区总面积 131 996 hm²，其中有林地 10.2 万 hm²，施业区内海拔超过 500 m 的山峰有 10 余座，其中平顶山海拔 1 492 m，为全市最高峰。双丰施业区东连小兴安岭主脉，西与松嫩平原接壤，周边与铁力、庆安、木兰、巴彦、通河 5 县市 64 村屯毗邻。双丰局属寒温带大陆性季节气候区，受海洋气候环流和西伯利亚寒潮影响，四季气候的特点是：春季来得迟缓，风多而雨水少；夏季短而湿热，降水多而集中；秋季降温迅速，霜来得较早；冬季漫长而寒冷。

黑龙江省双丰林业局采穗圃，建设面积 3 亩。建设采穗圃的优良品种包括中美山杨 1 号、中美山杨 2 号、中美山杨 3 号、中美山杨其他杂交优良无性系 5 个。

二、采穗圃营建技术研究

（一）利用组培苗建立采穗圃

1.高架苗床的建立

建设槽深 30 cm、宽 1 m、长 20～30 m、离地面 50～70 cm 高的苗床，槽的一端留有排水孔利于排水，用干净的细河沙填平作为种植基质。每畦安装滴灌管 3 条，间隔 40 cm 安装 1 个滴头，水肥供给设备通过过滤器连接到主管再到滴管。每次灌水量应能使相邻两管间的沙层湿润，以不发生外渗漏为准。

2.种植母株和截顶促萌

以苗高 12～25 cm 的良种组培苗为采穗母树，种植密度为株行距 10 cm×12 cm。组培苗种植后 7～10 d 截顶留干约 8 cm 高，截顶的切口要平整，避免撕破树皮，每株小苗保留叶片 2 对，留干部位叶片过少或无叶苗木易枯萎，多则不利于萌芽。若母株的叶下部位过高，切去树干 1/2～3/5，将另一部分折弯，可使母株仍能利用上部枝叶进行光合作用与水分蒸腾，保持母树的生长活力，又能抑制营养往上输送；下部树干萌芽条达 3 cm 后，剪去折弯部分。

（二）利用根繁苗建立采穗圃

1.根繁材料的采集与贮藏

10 月末或 11 月初采优树根贮藏于窖内经过消毒的沙内，湿度 60%，温度 0～5 ℃。

2.根繁圃建设

2 月初（温室内埋根）或 4 月中旬（大田埋根），把各地优树的根剪成 10～30 cm 长段，经过激素处理后平埋入沙池中，上面覆盖细沙 2 cm。池内基质从最低层往上分别为 5 cm 粗炉渣、5 cm 细沙、1 cm 草类、3 cm 马粪、5 cm 肥土，最上层是经过质量分数 0.5%的高锰酸钾消毒的 10 cm 细沙。覆沙前喷足底水，覆沙后盖上塑料薄膜进行育苗。薄膜内气温保持在 25 ℃,地温 20～25 ℃，相对湿度 80%以上，若白天气温超过 30 ℃，立即通风浇水，架设荫棚降温。精心管理至出苗。

截顶促萌方法参照利用组培苗建立采穗圃。

（三）采穗圃的水肥管理

对截顶以及剪穗后的母树应及时进行追肥，肥料种类宜选择可溶性的养分，主要以 N、P、K 为主，总养分≥45%，可适当添加一定量的微量元素。按浓度 0.5%配制水溶液，通过滴管系统追肥，每隔 5 ~ 10 d 追肥 1 次，在前期可适当提高追肥频度，促进萌芽，当萌芽条长到 5 cm 时减少供水、追肥，保持苗床表层干燥、内部湿润，水分、养分过多会影响穗条的生长质量。当穗条长 8 ~ 12 cm 并已半木质化时，可采集穗条。

（四）母树的修剪管理

母树的修剪主要是采穗和留芽两个方面，目的在于保证母树生长及穗条的数量和质量。采集合格穗条做插条，留下比较纤弱的枝条继续生长。山杨的萌芽顶端优势明显，要及时剪除顶生旺盛的穗条，因为这类枝条会吸收母树的养分，影响树干基部的萌芽，抑制下部穗条的生长。山杨的分枝萌芽能力比较强，应及时摘除过多的芽，留芽条过多会导致营养不足、枝条生长细弱。当母树树干基部上的萌芽生长变弱，及时选择基部的一条健壮萌芽条进行截顶，用来代替原主干生长穗条的作用，以利于光合作用。

（五）采穗母树的更新

无性系采穗圃在连续采穗 3 ~ 5 年后就会出现母树长势衰弱、萌芽条数量减少、生长质量下降等生理退化现象，须重新种植母树。一个育苗周期结束后，将母树整个挖出，对苗床的河沙深翻，清除枯枝落叶以及残根，断水后暴晒。栽植母树前，用消毒剂喷洒沙床消毒。

（六）采穗圃病虫害防治

病虫害的防治以预防为主，结合化学防治。母树种植前 5 d，用质量分数 0.2%的高锰酸钾溶液喷洒苗床，用清水淋湿沙床后再栽植。定期喷洒杀菌剂以预防病害发生，每 7 ~ 10 d 喷洒 1 次，在高温高湿的季节要增加喷药次数，药剂用甲基托布津、多菌灵、百菌清等。对虫害的预防，宜采用杀虫灯诱杀成虫，减少虫口密度。当虫害发生较严重时，可用氧化乐果、百虫清、敌杀死等农药喷杀。

（七）采穗圃档案管理

建立档案对采穗圃进行系统管理。绘制采穗圃无性系的种植平面图，在每个品种种植区挂牌，标明品种、无性系、种植时间，同时定期观测、记录母树萌芽的生长动态及穗条产量。

三、小结

（1）中美山杨优良品种既可利用组培苗建立采穗圃，也可利用根繁苗建立采穗圃。

（2）以高架沙床作为采穗圃，配套供水及养分的滴灌系统，密植母树 80 株/m^2，科学管理母树，控制水和养分的供给，实施病虫害防治措施，采穗圃单位面积的穗条产量均比大田采穗圃单位面积的穗条产量高 40%~50%，单株多产穗条 4~5 条。

第五节　山杨优良种源遗传多样性研究

采用 SSR 分子标记技术，对东北地区 6 个山杨纸浆材优良种源的 21 个家系 208 株山杨个体进行遗传多样性分析，在 DNA 水平上对山杨优良种源间和种源内家系间的遗传结构变异及遗传分化程度进行分析，为深入研究山杨良种选育、杂交育种、杂种优势的利用、山杨定向培育奠定基础。

一、材料与方法

（一）实验材料

实验材料采自黑龙江省林口县青山林场山杨纸浆材优良种源保存林，共 6 个种源，分别为方正种源、湖上（HS）、江山娇（JSJ）、苇河（WH）、铁力（TL）、曙光（SG）。2008 年冬从优良种源采取山杨枝条，开展室内切枝水培，采取新鲜叶片于 − 20 ℃保存。

（二）实验方法

1.DNA 提取

采用北京庄盟国际生物基因科技有限公司生产的 ZP309-3 植物基因组 DNA 提取试剂盒提取杨树基因组 DNA，在 1% 琼脂糖凝胶中电泳检测其 DNA 样品的浓度和纯度。

2.SSR 反应体系

合成文献中的 SSR 引物用于本次实验，用于 SSR-PCR 反应的 Taq 酶、dNTP、Mg^{2+} 均购自 MBI 公司，引物购自上海生工生物工程公司。标准分子量（Marker）DL2000 购自博大泰克公司。SSR 扩增反应实验在美国 ABI 公司的 VERITI 型 PCR 仪上进行。（表 2-9）

表 2-9　PCR 反应体系（20μl）

反应成分	工作液配制 /μl	贮备液浓度	终浓度
Taq 酶	0.1	5 U/μl	0.5 U/μl
Mg^{2+}	1.2	25 mmol/L	1.5 mmol/L
模板 DNA	1.0	30 ～ 50 ng	30 ～ 50 ng
dNTP	0.3	10 mmol/L	0.15 mmol/L
引物 1（F）	0.8	10 μmol/L	0.4 μmol/L
引物 2（R）	0.8	10 μmol/L	0.4 μmol/L
PCR buffer	2.0	10 × PCR buffer	1 × PCR buffer
ddH₂O	13.8	—	—

SSR 扩增热循环参数：94 ℃预变性 3 min，然后 94 ℃变性 45 s，退火 45 s，72 ℃延伸 105 s，共 30 个循环，最后 72 ℃延伸 10 min。扩增产物在 6% 的变性聚丙烯酰胺凝胶中电泳，7 W 下电泳 150 min，观察并照相。

3.PCR 产物的电泳检测

1）凝胶分析

（1）玻璃板的准备。

用洗涤剂浸泡长短两块玻璃板、两个等长 1mm 厚的梳子，水洗后再用无水乙醇淋洗。为避免手指上的油污弄脏玻璃板而导致灌胶时产生气泡，操作时应戴手套并拿玻璃板的两侧。

（2）玻璃板的硅化。

①长玻璃板的处理：每次铺胶前均用亲和硅烷对长玻璃板进行硅化处理，

用镜头纸蘸取亲和硅烷涂在玻璃板上，要将整块板都涂满。4～5 min 后，用体积分数 95%的乙醇擦玻璃板 3 次，以除去多余的亲和硅烷。在硅化的过程中，亲和硅烷用量不宜太多，否则后期玻璃板分离时会造成胶粘板现象。

②短玻璃板的处理：每次铺胶前均用剥离硅烷对短玻璃板进行硅化处理。在硅化完长玻璃板后要及时更换手套再对短玻璃板进行硅化，以防止亲和硅烷与剥离硅烷交叉污染。用镜头纸蘸取剥离硅烷涂在短玻璃板上，要将整块板都涂满，此步骤重复 5～6 次。5～10 min 后，用镜头纸擦去多余的玻璃硅烷，再用蒸馏水冲去玻璃板上多余的杂质。

（3）测序胶的制备。

用含 7 mol/L 尿素的 TBE 缓冲液配制 4%～6%聚丙烯酰胺凝胶，胶的厚度为 1 mm。

（4）玻璃板安装。

在两块玻璃板之间两侧各夹上一个塑料间隔片，对齐底部后，在用夹具将其夹起来之前，用双手把三者堆叠成的竖起来，长玻璃板的一面朝外，短玻璃板一面朝向操作者。夹紧后，插入鳄鱼齿梳子，检查其能否合适地插入，再次确认整个装配过程无误。通常来说，梳子插入过程中会有适当的阻力，但插入过程顺畅，不会引起梳子的损伤。

（5）灌胶。

①每一次灌胶需要 70 ml 变性丙烯酰胺凝胶溶液。

②灌胶前立即加入 112 µl 的 TEMED，充分混匀，然后加入质量分数 10%的过硫酸铵 1.12 ml。

③立即用 150 ml 注射器灌胶，灌胶时应尽量避免产生气泡。

④当凝胶溶液达到短玻璃板顶部时，将凝胶板从 45°放成低度角。

⑤插入 1 mm 的梳子至短玻璃板，避免产生气泡。

⑥检查有无漏胶，观察凝胶溶液聚合情况。

⑦制备好的凝胶板可立即应用或室温保存 48 h。

（6）安装测序胶。

①取下玻璃板固定装置。

②用剃须刀除去梳子周围的聚丙烯酰胺，用水清除溢出的尿素和丙烯酰胺。

③轻轻取出鳄鱼齿梳子，用水清洗梳子，以备后续使用。

④将玻璃板固定在下槽中，往下槽中倒入 300 ～ 500 ml 的 1 倍 TBE 缓冲液，使凝胶板浸入缓冲液 2 ～ 3 cm。

⑤将 1 × TBE 缓冲液倒入上槽中，使顶部凝胶浸入缓冲液 3 cm，用 200 μl 的移液枪吸 1 × TBE 缓冲液冲洗顶部凝胶，以除去多余的聚丙烯酰胺和滤出的尿素。

⑥40 ～ 50 W 预电泳 40 min。

（7）上样和跑样。

①上样前再冲洗一次加样孔，进一步除去尿素。

②20 μl PCR 产物加 5 μl 变性上样缓冲溶液，95 ℃变性 5 min，然后立即置于冰上。

③每孔上样 5 μl。

④9 W 恒功率电泳。

⑤当二甲苯青跑至胶的 2/3 处时，停止电泳。

2）银染

（1）试剂的配制。

①固定/终止液（体积分数 0.5%冰乙酸和体积分数 10%乙醇）：将 10ml 冰乙酸和 200 ml 无水乙醇加入到 1 000 ml 蒸馏水中，定容至 2 L。

②染色溶液：2 L 蒸馏水中加入 6 g 硝酸银、10 ml 冰乙酸和 200 ml 无水乙醇。

③显色液：2 L 超纯水中加入 60 g NaOH，冰浴冷却，使用前加入 10 ml 体积分数 37%的甲醛。

（2）染色步骤。

①玻璃板的分离：电泳结束后，小心将长、短玻璃分开。

②固定胶：将黏着聚丙烯酰胺凝胶的长玻璃板放入塑料浅盘中，加入固定液，将玻璃板在摇床上摇动 20 min 或至电泳示踪液消失。胶可在固定液中

静置过夜。回收固定液,以备终止显色反应使用。

③染色:将胶移至染色液中,在摇床上摇动 20 min。

④洗胶:将胶浸入蒸馏水中,清洗 2 次,每次 10 s,然后取出,沥水,立即放入盛有预冷显色液的塑料盘中,胶从超纯水中取出到反应液中的时间不能超过 5 s。

⑤显色反应:胶在显色液中摇动至出现第一条带,将胶转至剩余的 1 L 预冷反应液中,继续显色,至全部条带出现。

⑥终止显色反应:往反应液中加入 2 L 固定/终止液,在摇床上摇动 3～5 min,终止显色反应。

⑦洗胶:用蒸馏水漂洗凝胶 2 次,每次 2 min。

⑧干胶:通过热对流或室温放置使胶变干,然后在浅色背景下即可记录。

3)SSR 谱带的记录

SSR-PCR 产物经电泳分离后,对扩增结果进行记录。对群体遗传参数的统计基于以下两个假设:①群体处于 Hardy-Weinberg 平衡。②统计条带时认为电泳迁移率相同的条带是扩增基因组上的相同 DNA 片段的产物,也就是说,电泳图谱中的每一条带均代表了引物与模板 DNA 互补的一对结合位点。

具体的谱带记录方法目前无明确的标准,本研究参考邹喻平等的方法,以 Marker 产生带亮度为标准,亮的记为 1,弱的、无带的记为 0;为尽量减少误差,谱带结果的记录始终由试验者一人进行。

4)SSR 数据的统计分析

遗传多样性统计分析方法:

(1)多态性位点比率: $P = ($ 多态位点数 / 检测到的位点总数 $) \times 100\%$

(2)平均等位基因数: $A = (1/n)\sum_{i=1}^{n} a_i$

其中, a_i 为第 i 个位点上的等位基因数, n 为测定位点总数。

(3)有效等位基因数: $N_e = (1/n)\sum_{i=1}^{n} ne_i$

其中, $ne_i = 1/\sum_{i=1}^{a_i} P_{ij}$,第 i 个位点上的有效等位基因数; P_{ij} 为第 i 个位点

上第 j 个等位基因纯合基因型的频率；a_i 同上。

（4）个体间的遗传相似性系数（F）和遗传距离（D）：

对于分子标记中的遗传相似性数据进行统计与分析，用 Nei（1979）提出的公式计算：

$$F = n_{11} / (2n_{11}+n_{01}+n_{10}); \quad D = 1 - F$$

式中，n_{11} 表示两个个体都有带的位点数，即个体 a 和个体 b 都有；

n_{01} 表示个体 a 无带，个体 b 有带；

n_{10} 表示个体 b 无带，个体 a 有带。

（5）Shannon 表型多样性指数。

利用 Shannon 表型多样性指数来计算遗传多样性。其中包括：

A. 群体遗传多样性指数：$H_0 = -\sum_{i=1}^{n} p_i \log_2 p_i$，

式中，P_i 为位点 i 在某一群体内的表型频率，即某一扩增带出现的频率。

B. 不同群体遗传多样性指数平均值 $H_{pop} = \frac{\sum H_0}{N}$，

式中，N 为群体数。

C. 总群体遗传多样性指数：$H_{sp} = -\sum P \ln P$，

式中，P 为位点 i 在 N 个群体内的总表型频率。

根据以上统计结果计算遗传多样性的来源，遗传变异在群体间所占的比例为 H_{pop}/H_{sp}；遗传变异在群体内个体间所占的比例为（$H_{sp} - H_{pop}$）/ H_{sp}。

（6）Nei 指数。

根据 Nei 法求算水曲柳的基因多样性，计算公式为：

$$H = \sum_{i=1}^{n}(1-\sum_{i=1}^{m}q_i^2)/n$$

式中，q_i 为第 i 个位点上的等位基因数；

n 为检测到的位点数。

这里的 H 为总公式，H_T、H_S 均用此公式计算。H_T 为所有种群的基因多样性，H_S 为种群内的基因多样性，D_{ST} 为种群间的基因多样性，$D_{ST} = H_T - H_S$。G_{ST} 为种群的遗传分化系数，$G_{ST} = D_{ST} / H_T$。

（7）Nei 基因多样性指数 H_e（Nei，1978）和基因分化系数 G_{st}（Nei，1973）。

$$H_e = 1 - \sum p_i^2$$

式中，p_i 为单个位点上的等位基因的频率。

基因分化系数 G_{st} 是衡量群体间遗传分化的指标，为总群体平均杂合度（H_t）和各群体内平均杂合度（H_s）的函数，即

$$G_{st} = 1 - H_s/H_t; \quad H_t = 1 - J_i; \quad H_s = 1 - (\sum J_i)/S$$

式中，S 为群体数目；

J_i 为第 i 个群体内的基因一致性。

（8）有效群体迁移数 N_m 根据公式 $N_m = 0.5（1 - G_{st}）/G_{st}$ 计算，N 表示参与群体繁殖的有效群体数，m 表示迁移率。

当 $N_m > 1$ 时，证明种群间存在一定的基因流动，理论上，如果 $N_m < 1$，种群会被强烈分化；如果 $N_m > 4$，它们就是一个随机的单位。

（9）群体间的遗传相似度和遗传距离。

据 Nei（1978）的方法计算种群的遗传距离（D）和遗传相似度（I）：

遗传距离：

$$D = 1 - \frac{2N_{xy}}{N_x + N_y}$$

无偏遗传相似度：

$$I = J_{XY}\big/\sqrt{J_X J_Y}$$

式中，N_{xy} 为两个个体或两个种群共同拥有的 SSR 标记数；

N_x 为 x 个体或种群拥有的 SSR 标记数；

N_y 为 y 个体或种群拥有的 SSR 标记数。

$$J_X = (1/n)\sum\sum X_{ij}^2$$

式中，X_{ij} 为 X 群体第 i 个位点第 j 个等位基因的频率。

$$J_Y = (1/n)\sum\sum Y_{ij}^2 ,$$

式中，Y_{ij} 为 Y 群体第 i 个位点第 j 个等位基因的频率。

具体的遗传距离（D）和无偏遗传相似度（I）计算过程用 Pop Gene 32 软件完成。根据遗传距离矩阵，采用 UPGMA 法对群体进行聚类分析。

Nei 将标准遗传距离（standard genetic distance）D 定义为相似指数 I 的负

自然对数，

$$D = -\ln I$$

$I = 1$，$D = 0$ 时，表明两个群体间在所有检测到的基因位点完全一致；

$I = 0$，$D = \infty$ 时，表明两个群体间在所有检测到的基因位点完全不同。

5）数据分析

本研究采用 Pop Gene32 软件进行数据处理，该软件既适合于显性单倍体和二倍体的数据处理，也适合于共显性单倍体和二倍体的数据处理，能够给出大量关于所研究群体的资料，如：多态位点数量和百分比、种群的平均杂合度，Shannon 信息指数、种群群体间的遗传距离及遗传一致度等。另外，无论所研究的群体是否符合 Hardy-Weinberg 平衡，均可以给出所需要的资料，当研究的居群不符合 Hardy-Weinberg 平衡时输入 F_{is} 值，F_{is} 值表示各居群中基因型偏离 Hardy-Weinberg 平衡期望比值的程度。该软件的优点是处理的数据量大，可同时处理 1 400 个居群（populations）、150 个组（groups）、1 000 个位点（loci）。

遗传距离的聚类分析用 Mega2（molecular evolutionary genetics analysis）软件中的 UPGMA 聚类法。

二、结果与分析

（一）基因组 DNA 完整性检测

取 4 μl DNA 样品，在 1% 的琼脂糖凝胶上用高电场（4 ~ 5 V/cm）快速电泳法检测其 DNA 的完整性（图 2-2）。

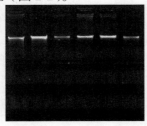

图 2-2　不同山杨 DNA 电泳结果

（二）SSR 引物的筛选

采用文献中的 39 对引物，利用 4 个杨树品种对其进行筛选，选择差异明显、能够扩增出稳定带型且不同材料之间有明显差异的 SSR 标记，其中 6 对引物对 6 个种源的 208 株个体进行多态性分析。（表 2-10）

表 2-10　SSR 引物名称与序列

引物名称	重复序列	引物序列（5'-3'）	退火温度/℃	产物长度
PN1297289	GTCATCCC	ACACGACCAGCAGCAGTA TCCGATGATGACCCTTTA	50	228
PN1297291	CAC	TGTTTCCGACACCAGAGT CATAGGACATAGCAGCATC	48	249
PMGC-2675	GA	CACACCGACAAATTATGAGTG TTTTAGAGTGAATTTTCCTGCG	55	200
PTR14	（TGG）$_5$	TCCGTTTTTGCATCTCAAGAATCAC ATACTCGCTTTATAACACCATTGTC	55	130~204
WPMS01	（GA）$_{20}$	AAC CAC TAT GCC ACC TTC TT AAC TAA CTC CAT TCA TTG CTA AA	50	141
WPMS011	（GT）$_{26}$	TAA AGA TGA TGG ACT GAA AAG GTA TAA AGG AGA ATA TAA GTG ACA GTT	55	217

（三）山杨种源间遗传多样性

1.山杨各种源的多态位点百分比

利用选择的 6 对 SSR 引物对 6 个种源的 208 株个体进行分析，所有引物均能够在供试品种中扩增出稳定明显的条带，说明选择的引物是适合的。图 2-3 为引物 WPMS011 对部分个体扩增的结果。

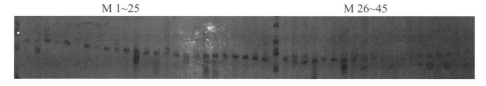

图 2-3 引物 WPMS011 对部分个体扩增结果，M 为标准分子量，1～45 为不同山杨个体代码研究结果（表 2-11）表明：本研究筛选出的 6 对引物对所有 6 个种源 208 株个体进行 PCR 检测，在引物预期产物大小片段处共扩增出 29 个位点，其中所有条带均具有多态性，多态性条带率达到 100%，每对引物扩增的 DNA 条带的数目在 3～7 条之间，平均为 4.83 条。可见，本次研究的各种源山杨具有较大的遗传多样性。多态位点是指在该位点上扩增 DNA 片段出

现的频率小于 0.99 的位点，多态位点比率是衡量一个种群遗传变异水平高低的重要指标，一个种群多态位点比率高，说明这个种群适应环境能力较强；反之，种群多态位点比率低，适应环境的能力弱，在长期的进化过程中有被淘汰的可能性。

表 2-11　6 对有效引物在 6 个种源中的扩增情况

引物名称	扩增条带	多态性条带数	多态性条带率/%
PN1297289	4	4	100.00
PN1297291	4	4	100.00
PMGC-2675	7	7	100.00
PTR14	7	7	100.00
WPMS01	3	3	100.00
WPMS011	4	4	100.00
合计	29	29	
均值	4.83	4.83	100.00

2.山杨种源的 Shannon 信息指数分析和 Nei 遗传多样性指数分析

由表 2-12 可以看出，6 个种源的多态位点比率均为 100%。利用 Pop Gene 32 软件对山杨种源进行遗传多样性分析，获得了山杨总体的 Shannon 信息指数以及每个种源的 Shannon 信息指数。山杨总体的 Shannon 指数为 1.100 1，各个种源的 Shannon 多态性信息指数中，方正种源最大，达到 1.111 1；铁力种源最小，为 0.750 8。Shannon 指数总体平均值为 0.903 8。根据 Shannon 指数的大小，将各种源排序为：方正 > 湖上 > 苇河 > 曙光 > 江山娇 > 铁力。

表 2-12　山杨 6 个种源的多态性及遗传差异统计

种源	样本个数	多态位点比率/%	等位基因数 Na^*	有效等位基因数 Ne^*	Shannon 指数 I^*	Nei 指数 H^*
方正（FZ）	50	100.00	4.500 0	2.947 2	1.111 1	0.587 9
湖上（HS）	18	100.00	3.666 7	2.656 2	1.059 6	0.594 4
江山娇（JSJ）	20	100.00	3.000 0	1.987 4	0.752 8	0.442 1
苇河（WH）	50	100.00	3.333 3	2.272 8	0.904 2	0.526 2
铁力（TL）	20	100.00	3.000 0	2.066 4	0.750 8	0.442 7
曙光（SG）	50	100.00	3.333 3	2.163 5	0.844 3	0.482 5
总计	208	100.00	5.000 0	2.695 1	1.100 1	0.595 7

注: Ne = Effective number of alleles [Kimura and Crow (1964)]

　　I = Shannon's information index [Lewontin (1972)]

　　H = Nei's (1973) gene diversity

　　Na = Observed number of alleles

所研究的山杨种源总的 Nei 遗传多样性指数为 0.595 7，每个种源的 Nei 指数分布在 0.442 1～0.594 4 范围内。

由表 2-13 可以看到：山杨不同种源的平均基因杂合度（Ave_Het）均为 0.512 6。总体期望杂合度（Exp_Het*）为 0.597 1，不同种源间的变化范围为 0.453 4～0.609 6，其中江山娇种源最低，湖上种源的期望杂合度的值最高。总体期望纯合度（Exp_Hom*）为 0.402 9，不同种源间的变化范围为 0.390 4～0.546 6，其中湖上种源最低，江山娇种源最高。观察杂合度（Obs_Het）在 0.483 3～0.608 3 之间，其中江山娇种源最低，湖上种源最高。观察纯合度（Obs_Hom）变化范围为 0.391 7～0.516 7，其中湖上种源最低，江山娇种源最高。

表 2-13　山杨不同种源的基因杂合度

种源	样本大小	观察纯合度	观察杂合度	总体期望纯合度	总体期望杂合度	基因多样度	平均基因杂合度
方正（FZ）	50	0.462 6	0.537 4	0.407 0	0.593 0	0.587 9	0.512 6
湖上（HS）	18	0.391 7	0.608 3	0.390 4	0.609 6	0.594 4	0.512 6
江山娇（JSJ）	20	0.516 7	0.483 3	0.546 6	0.453 4	0.442 1	0.512 6
苇河（WH）	50	0.478 6	0.521 4	0.467 0	0.533 0	0.526 2	0.512 6
铁力（TL）	20	0.491 7	0.508 3	0.545 9	0.454 1	0.442 7	0.512 6
曙光（SG）	50	0.425 2	0.574 8	0.512 6	0.487 4	0.482 5	0.512 6
总计	208	0.457 9	0.542 1	0.402 9	0.597 1	0.595 7	0.512 6

注：* Expected homozygosty and heterozygosity were computed using Levene (1949)** Nei's (1973) expected heterozygosity

基因多样度（Nei）的变化范围在 0.442 1～0.594 4，其中江山娇种源最低，湖上种源最高。

3. 山杨各种源间的遗传分化分析

根据总的遗传多样性（H_t）和群体内遗传多样性（H_s）计算不同群体间的遗传多样性（D_{st}，$D_{st} = H_t - H_s$）和遗传分化水平（G_{st}，$G_{st} = D_{st}/H_t$）。6 个山杨种源间的基因分化指数 G_{st} = 0.114 3，基因流系数 N_m 为 1.936 6。山杨种源内的遗传多样性占总群体的 88.57%，种源间遗传多样性占总群体的 11.43%，这说明山杨种源内变异占较大比例。Wright 针对同工酶方法提出：遗传分化系数（G_{st}）介于 0～0.05 说明种群遗传分化很弱；介于 0.05～0.25 说明种群遗传分化较大；大于 0.25 表明种群遗传分化极大。山杨种源间遗传分化指数

G_{st} = 0.114 3，说明种群间遗传分化较大。

遗传结构通过物种种群内和种群间的遗传分化来实现，基因流的大小也可以反映种群遗传分化的大小。Wright 认为，当 $N_m > 1$ 时，证明种群间存在一定的基因流动，能发挥匀质化作用；$N_m < 1$ 时，种群会被强烈分化，基因流是种群间遗传结构分化的主要原因；$N_m > 4$，它们就是一个随机单位。山杨 6个种群间的基因流 N_m 为 1.936 6，证明山杨种群间存在一定的基因流动，能够降低局部变异，防止适应性分化。

4.山杨各种源间的聚类分析

为了进一步分析群体之间的遗传分化程度，计算了 Nei's 无偏遗传相似度（I）和遗传距离（D）。无偏遗传相似度常用来衡量群体间的亲缘关系，无偏遗传相似度越大，说明群体间的亲缘关系越近；反之，无偏遗传相似度越小，群体间的亲缘关系越远。山杨种源间的无偏遗传相似度（I）和遗传距离（D）见表 2-14。从表中可以看出，无偏遗传相似度（I）的变化范围为0.607 9 ~ 0.980 1，遗传距离（D）的变化范围是 0.020 1 ~ 0.497 8。湖上种源与江山娇种源的无偏遗传相似度最高，相应的遗传距离最小，曙光种源与方正种源的无偏遗传相似度最低，遗传距离最大。

表 2-14　山杨种源间遗传距离（下三角）与无偏遗传相似度

ID	FZ	HS	JSJ	WH	TL	SG
FZ	—	0.789 4	0.688 7	0.706 5	0.636 9	0.607 9
HS	0.236 5	—	0.980 1	0.943 1	0.882 2	0.927 9
JSJ	0.372 9	0.020 1	—	0.965 0	0.911 4	0.962 3
WH	0.347 4	0.058 6	0.035 7	—	0.955 0	0.955 2
TL	0.451 1	0.125 4	0.092 8	0.046 0	—	0.873 2
SG	0.497 8	0.074 8	0.038 5	0.045 8	0.135 6	—

根据 Nei's 遗传距离，利用 MEGA 软件构建的群体遗传关系 UPGMA 聚类图见图 2-4。其中，湖上种源和江山娇种源的遗传距离比较近，聚为一类，方正种源与苇河种源距离比较近，聚为一类。

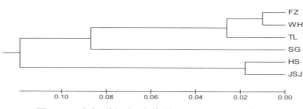

图 2-4 山杨种源间遗传关系 UPGMA 聚类图

（四）山杨种源内家系间遗传多样性

1.方正种源内 5 个家系遗传多样性分析

方正种源内有 5 个家系（FZ1、FZ2、FZ3、FZ4、FZ5），方正种源内家系间的多态性及遗传差异性统计见表 2-15。

由表中可以看出，方正种源的 5 个家系内 FZ3 的多态位点比率为 83.33%，其余的多态位点比率均为 100%。利用 Pop Gene32 软件对方正种源的 5 个家系进行遗传多样性分析，获得了山杨方正种源的 Shannon 信息指数及每个家系的 Shannon 信息指数。方正种源总体的 Shannon 指数为 1.071 0，各个家系间的 Shannon 多态性信息指数中，FZ2 最大，达到 1.019 0；FZ3 最小，为 0.878 0。根据 Shannon 指数的大小将各种源排序为：FZ2＞FZ4＞FZ1＞FZ5＞FZ3。

所研究的方正种源内总的 Nei 遗传多样性指数为 0.567 3，每个家系间的 Nei 指数分布在 0.495 8～0.555 8 范围内。根据 Nei 指数的大小将各种源排序为：FZ2＞FZ1＞FZ4＞FZ5＞FZ3。所有种源根据 Nei 指数排列的顺序与根据 Shannon 指数排列的顺序基本上一致。

表 2-15 山杨方正种源内 5 个家系间的多态性及遗传差异统计

家系	样本个数	多态位点比率/%	等位基因数	有效等位基因数	Shannon 指数	Nei 指数
FZ1	10	100.00	3.166 7	2.432 5	0.932 0	0.545 0
FZ2	10	100.00	3.666 7	2.786 6	1.019 0	0.555 8
FZ3	10	83.33	3.000 0	2.542 0	0.878 0	0.495 8
FZ4	10	100.00	3.666 7	2.718 9	0.970 8	0.524 2
FZ5	10	100.00	3.000 0	2.454 3	0.881 7	0.510 0
总体	50	100.00	4.333 3	2.922 6	1.071 0	0.567 3

由表 2-16 可以看到：方正种源的平均基因杂合度（Ave_Het）为 0.526 2。总体期望杂合度（Exp_Het*）为 0.573 0，不同家系间的变化范围为 0.521 9～

0.585 1，其中 FZ3 最低，FZ2 的值最高。总体期望纯合度（Exp_Hom*）为 0.427 0，不同家系间的变化范围为 0.414 9~0.478 1，其中 FZ2 最低，FZ3 最高。观察杂合度（Obs_Het）在 0.483 3~0.566 7，其中 FZ4 最低，FZ5 最高。观察纯合度（Obs_Hom）变化范围为 0.433 3~0.516 7，其中 FZ5 最低，FZ4 最高。基因多样度（Nei）的变化范围在 0.495 8~0.555 8 之间，其中 FZ3 最低，FZ2 最高。

表 2-16　山杨方正种源内 5 个家系间的基因杂合度

家系	样本个数	观察纯合度	观察杂合度	总体期望纯合度	总体期望杂合度	基因多样度	平均基因杂合度
FZ1	10	0.500 0	0.500 0	0.426 3	0.573 7	0.545 0	0.526 2
FZ2	10	0.466 7	0.533 3	0.414 9	0.585 1	0.555 8	0.526 2
FZ3	10	0.483 3	0.516 7	0.478 1	0.521 9	0.495 8	0.526 2
FZ4	10	0.516 7	0.483 3	0.448 2	0.551 8	0.524 2	0.526 2
FZ5	10	0.433 3	0.566 7	0.463 2	0.536 8	0.510 0	0.526 2
总体	50	0.480 0	0.520 0	0.427 0	0.573 0	0.5673	0.526 2

为了进一步分析群体之间的遗传分化程度，计算了 Nei's 无偏遗传相似度（I）和遗传距离（D）。山杨方正种源间的无偏遗传相似度（I）和遗传距离（D）见表 2-17。从表中可以看出，无偏遗传相似度（I）的变化范围为 0.790 3~0.975 6，遗传距离（D）的变化范围是 0.024 7~0.235 4。FZ2 与 FZ4 的无偏遗传相似度最高，相应的遗传距离最小，FZ1 与 FZ3 的无偏遗传相似度最低，遗传距离最大。

表 2-17　方正种源 5 个家系内遗传距离（下三角）与无偏遗传相似度

ID	FZ1	FZ2	FZ3	FZ4	FZ5
FZ1	—	0.950 2	0.790 3	0.945 7	0.929 4
FZ2	0.051 1	—	0.913 7	0.975 6	0.971 7
FZ3	0.235 4	0.090 2	—	0.911 6	0.865 8
FZ4	0.055 8	0.024 7	0.092 5	—	0.937 9
FZ5	0.073 2	0.028 7	0.144 1	0.064 2	—

根据 Nei's 遗传距离，利用 MEGA 软件构建的群体遗传关系 UPGMA 聚类图见图 2-5。其中，FZ2 和 FZ4 的遗传距离最近，被聚为一类，FZ2、FZ4 又与 FZ5 聚类在一起，其次与 FZ1 聚类，最后和 FZ3 聚类。

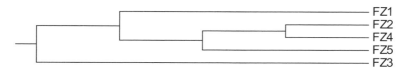

图 2-5　山杨方正种源 5 个家系间遗传关系 UPGMA 聚类图

2. 苇河种源内 5 个家系遗传多样性分析

苇河种源内有 5 个家系（WH1、WH2、WH3、WH4、WH5），苇河种源内家系间的多态性及遗传差异性统计见表 2-18。

由表中可以看出，苇河种源的 5 个家系内的多态位点比率均为 100%。利用 Pop Gene 32 软件对苇河种源的 5 个家系进行遗传多样性分析，获得了山杨苇河种源的 Shannon 信息指数以及每个家系的 Shannon 信息指数。苇河种源总体的 Shannon 指数为 0.921 6，各个家系间的 Shannon 多态性信息指数中，WH4 最大，达到 0.871 1；WH1 最小，为 0.666 9。根据 Shannon 指数的大小将各种源排序为：WH4 > WH5 > WH3 > WH2 > WH1。

所研究的苇河种源内总的 Nei 遗传多样性指数为 0.527 7，每个家系间的 Nei 指数分布在 0.415 8 ~ 0.516 7 范围内。根据 Nei 指数的大小将各种源排序为：WH4 > WH5 > WH3 > WH1 > WH2。所有种源根据 Nei 指数排列的顺序与根据 Shannon 指数排列的顺序基本上一致。

表 2-18　山杨苇河种源内 5 个家系间的多态性及遗传差异统计

家系	样本个数	多态位点比率/%	等位基因数	有效等位基因数	Shannon 指数	Nei 指数
WH1	10	100.00	2.333 3	1.909 7	0.666 9	0.425 8
WH2	10	100.00	2.666 7	1.929 9	0.691 9	0.415 8
WH3	10	100.00	2.500 0	1.995 1	0.745 4	0.465 8
WH4	10	100.00	3.000 0	2.289 4	0.871 1	0.516 7
WH5	10	100.00	3.000 0	2.189 7	0.843 6	0.490 8
总计	50	100.00	3.333 3	2.370 0	0.921 6	0.527 7

由表 2-19 可以看到，苇河种源的平均基因杂合度（Ave_Het）为 0.463 0。总体期望杂合度（Exp_Het*）为 0.533 0，不同家系间的变化范围为 0.437 7 ~ 0.543 9，其中 WH2 最低，WH4 最高。总体期望纯合度（Exp_Hom*）为 0.467 0，不同家系间的变化范围为 0.456 1 ~ 0.562 3，其中 WH4 最低，WH2

最高。观察杂合度（Obs_Het）在 0.383 3～0.650 0 之间，其中 WH2 最低，WH4 最高。观察纯合度（Obs_Hom）变化范围为 0.350 0～0.616 7，其中 WH4 最低，WH2 最高。基因多样度（Nei）的变化范围在 0.415 8～0.516 7，其中 WH2 最低，WH4 最高。

表 2-19　山杨苇河种源内 5 个家系间的基因杂合度

家系	样本个数	观察纯合度	观察杂合度	总体期望纯合度	总体期望杂合度	基因多样度	平均基因杂合度
WH1	10	0.483 3	0.516 7	0.551 8	0.448 2	0.425 8	0.463 0
WH2	10	0.616 7	0.383 3	0.562 3	0.437 7	0.415 8	0.463 0
WH3	10	0.483 3	0.516 7	0.509 6	0.490 4	0.465 8	0.463 0
WH4	10	0.350 0	0.650 0	0.456 1	0.543 9	0.516 7	0.463 0
WH5	10	0.450 0	0.550 0	0.483 3	0.516 7	0.490 8	0.463 0
总计	50	0.476 7	0.523 3	0.467 0	0.533 0	0.527 7	0.463 0

山杨苇河种源间 5 个家系内的无偏遗传相似度（I）和遗传距离（D）见表 2-20。从表中可以看出，无偏遗传相似度（I）的变化范围为 0.751 9～0.941 0，遗传距离（D）的变化范围为 0.060 8～0.285 1。WH2 与 WH3 的无偏遗传相似度最高，相应的遗传距离最小；WH2 与 WH4 的无偏遗传相似度最低，遗传距离最大。

表 2-20　苇河种源 5 个家系内遗传距离（下三角）与无偏遗传相似度

ID	WH1	WH2	WH3	WH4	WH5
WH1	—	0.876 8	0.838 9	0.770 9	0.939 1
WH2	0.131 5	—	0.941 0	0.751 9	0.901 8
WH3	0.175 6	0.060 8	—	0.923 4	0.891 9
WH 4	0.260 2	0.285 1	0.079 7	—	0.861 5
WH5	0.062 8	0.103 4	0.114 5	0.149 0	—

根据 Nei's 遗传距离，利用 MEGA 软件构建的群体遗传关系 UPGMA 聚类图见图 2-6。其中，WH1 和 WH5 的遗传距离近，被聚为一类；WH2 和 WH3 被聚为一类，WH4 与其他两组关系较远。

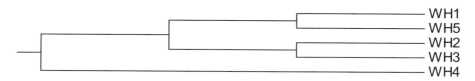

图 2-6　山杨苇河种源 5 个家系间遗传关系 UPGMA 聚类图

3.曙光种源内 5 个家系遗传多样性分析

曙光种源内有 5 个家系（SG1、SG2、SG3、SG4、SG5），曙光种源内家系间的多态性及遗传差异性统计见表 2-21。

由表中可以看出，曙光种源的 5 个家系内 SG5 的多态位点比率为 83.33%，其余的多态位点比率均为 100%。利用 Pop Gene 32 软件对曙光种源的 5 个家系进行遗传多样性分析，获得了山杨曙光种源的 Shannon 信息指数及每个家系的 Shannon 信息指数。曙光种源总体的 Shannon 指数为 0.850 2，各个家系间的 Shannon 多态性信息指数中，SG2 最大，达到 0.906 9；SG3 最小，为 0.717 0。根据 Shannon 指数的大小将各种源排序为：SG2 > SG4 > SG5 > SG1 > SG3。

所研究的曙光种源内总的 Nei 遗传多样性指数为 0.484 4，每个家系间的 Nei 指数分布在 0.401 7 ~ 0.523 3 范围内。根据 Nei 指数的大小将各种源排序为：SG2 > SG4 > SG5 > SG3 > SG1。所有种源根据 Nei 指数排列的顺序与根据 Shannon 指数排列的顺序基本上一致。

表 2-21　山杨曙光种源 5 个家系间的多态性及遗传差异统计

家系	样本个数	多态位点比率/%	等位基因数	有效等位基因数	Shannon 指数	Nei 指数
SG1	10	100.00	3.000 0	1.949 3	0.729 1	0.401 7
SG2	10	100.00	3.000 0	2.336 8	0.906 9	0.523 3
SG3	10	100.00	2.666 7	2.072 3	0.717 0	0.422 5
SG4	10	100.00	2.666 7	2.146 0	0.810 9	0.496 7
SG5	10	83.33	2.833 3	2.141 4	0.745 8	0.430 0
总体	50	100.00	3.333 3	2.177 3	0.850 2	0.484 4

由表 2-22 可以看到：曙光种源的平均基因杂合度（Ave_Het）为 0.454 8。总体期望杂合度（Exp_Het*）为 0.489 3，不同家系间的变化范围为 0.422 8 ~ 0.550 9，其中 SG1 最低，SG2 最高。总体期望纯合度（Exp_Hom*）为 0.510 7，

不同家系间的变化范围为 0.449 1 ~ 0.577 2，其中 SG2 最低，SG1 最高。观察杂合度（Obs_Het）在 0.466 7 ~ 0.666 7，其中 SG1 最低，SG5 最高。观察纯合度（Obs_Hom）变化范围为 0.333 3 ~ 0.533 3，其中 SG5 最低，SG1 最高。基因多样度（Nei）的变化范围在 0.401 7 ~ 0.523 3，其中 SG1 最低，SG2 最高。

表 2-22　山杨曙光种源内 5 个家系间的基因杂合度

家系	样本个数	观察纯合度	观察杂合度	总体期望纯合度	总体期望杂合度	基因多样度	平均基因杂合度
SG1	10	0.533 3	0.466 7	0.577 2	0.422 8	0.401 7	0.454 8
SG2	10	0.450 0	0.550 0	0.449 1	0.550 9	0.523 3	0.454 8
SG3	10	0.450 0	0.550 0	0.555 3	0.444 7	0.422 5	0.454 8
SG4	10	0.350 0	0.650 0	0.477 2	0.522 8	0.496 7	0.454 8
SG5	10	0.333 3	0.666 7	0.547 4	0.452 6	0.430 0	0.454 8
总体	50	0.423 3	0.576 7	0.510 7	0.489 3	0.484 4	0.454 8

山杨曙光种源间 5 个家系内的无偏遗传相似度（I）和遗传距离（D）见表 2-23。从表中可以看出，无偏遗传相似度（I）的变化范围为 0.874 5 ~ 0.969 0，遗传距离（D）的变化范围为 0.031 5 ~ 0.134 1。SG1 与 SG3 的无偏遗传相似度最高，相应的遗传距离最小；SG2 与 SG5 的无偏遗传相似度最低，遗传距离最大。

表 2-23　曙光种源 5 个家系内遗传距离（下三角）与无偏遗传相似度

ID	SG1	SG2	SG3	SG4	SG5
SG1	—	0.954 2	0.969 0	0.936 2	0.893 3
SG2	0.046 9	—	0.945 0	0.925 5	0.874 5
SG3	0.031 5	0.056 5	—	0.944 4	0.948 5
SG4	0.066 0	0.077 4	0.057 2	—	0.950 6
SG5	0.112 9	0.134 1	0.052 9	0.050 7	—

根据 Nei's 遗传距离，利用 MEGA 软件构建的群体遗传关系 UPGMA 聚类图见图 2-7。其中，SG1 和 SG3 的遗传距离近，被聚为一类；SG4 和 SG5 被聚为一类，SG2 与其他两组关系较远。

图 2-7 山杨曙光种源 5 个家系间遗传关系 UPGMA 聚类图

三、讨论

1.扩增产物的电泳与判读

实验过程中发现，上样对电泳效果影响很大，显影出的条带清晰度、平直度跟引物产量、上样量、梳孔形状、孔底部是否平直有直接关系。①梳孔的形状严重影响条带的平直度，所以拔取梳子应等到胶充分凝好后，两手同时用力拔取，否则易造成孔底不平。②上样前将孔内未聚合的丙烯酰胺及尿素残留物吹尽，以便样品顺利加入孔内且平铺于底部，有利于条带的平直整齐。③引物产物量高的，上样要少点，否则会造成分辨力不高，尤其是等位基因大小差异较小时，难以判读是一条带还是两条带；但如果产物量较小时，上样则要加大体积数，但也不能过多。④灌胶过程中液体的表面张力作用以及温度等条件的变化，使凝胶边缘的密度发生变化，造成电泳速度不一致，从而形成凝胶的边缘效应，往往使 DNA 条带跑成弧形，影响判读，标准 DNA 样品的加样位置尤其重要，它是判读的标尺，因此加样时最好在胶的中间和两边都加入标准 DNA 样品，同时胶的首尾几个孔不加样品，以减小边缘效应的影响。另外，电泳缓冲液的缓冲力也会影响到电泳条带的集中度，也应及时更换新的缓冲液以保证电泳效果。

2.SSR 标记的多态性与局限性

采用文献中的 39 对引物，选择差异明显、能够扩增出稳定带型且不同材料之间有明显差异的 SSR 标记，其中 6 对引物对 6 个山杨种源进行多态性分析。所选用的 6 对引物对所有 6 个种源 208 株个体进行 PCR 检测，在引物预期产物大小片段处共扩增出 29 个位点，其中所有条带均具有多态性，多态性条带率达到 100%，每对引物扩增的 DNA 条带的数目在 3～7 条之间。

目前，对微卫星等位基因的鉴别是通过测定包含微卫星的 PCR 产物长度来进行的。所有观察到的长度差异都归结于重复数目变化，因为微卫星内发生变异的频率较其两侧 DNA 区域的插入或缺失要高得多。但是，有很多微卫星数据表明，存在小于一个重复单位的长度变化，这是因为并不是所有的微卫星都严格按照重复单位的碱基组成串联重复，可能被另外一些核苷酸所打断，形成不完整的微卫星序列。这可能是碱基的替换、错配及不均等交换所致。由于我们通常所说的多态性都是基于 PCR 产物的长度来判断的，长度一样的就认为是同一个等位基因，这样，长度相同而序列不同的两个等位基因所导致的多态就检测不出来，只有直接测出微卫星的碱基序列，才能检测到这种突变。另外，SSR 位点的共显性遗传应产生一条（纯合子）或两条（杂合子）主带，但在采用微卫星引物进行 PCR 扩增时，可能会遇到一些难以解释的带型。本研究也发现，在对一些位点进行 PCR 扩增时，个别样品有多条颜色深浅一致的主带，出现这种情况的具体原因还有待进一步研究。

3. 遗传多样性与适应性

尽管广义的遗传多样性泛指地球上所有生物携带的遗传信息，但作为生物多样性的一个重要层次，遗传多样性所指的主要还是种内的遗传变异。种内遗传多样性或变异性越丰富，物种对环境变化的适应能力就越大。反之，遗传多样性的下降就意味着其适应环境的能力下降。但另一方面，有些研究也表明，遗传变异性与群体或个体的生存间不存在相关性。

4. 遗传分化和基因流

种群遗传结构是指遗传多样性在种群内和种群间的分布，即遗传分化。它受突变、基因流、选择和遗传漂变等多种因子的共同作用，同时还和物种的进化历史、分类地位、习性、交配系统、种子扩散机制、分布地区、演替阶段、物候、各种不亲和机制和环境等有关。

四、小结

利用 SSR 分子标记技术，对分布于中国东北地区的 6 个山杨种源的遗传相关性及遗传多样性进行了研究。研究结果表明：

（1）利用 6 对 SSR 引物对 6 个种源山杨的遗传关系进行了 SSR 分析，

在引物预期产物大小片段处共扩增出 29 个位点，其中所有位点均具有多态性，多态位点比率达到 100%，每对引物扩增的 DNA 条带数目在 3 ~ 7 条之间，平均为 4.83 条。可见，本研究的各种源山杨具有较大的遗传多样性。

（2）利用 Shannon 指数与 Nei 指数估算 6 个种源山杨的遗传变异，山杨总体的 Shannon 指数为 1.100 1，各个种源的 Shannon 多态性信息指数中，方正种源最大，达到 1.111 1，铁力种源最小，为 0.750 8。根据 Shannon 指数的大小将各种源排序为：方正 > 湖上 > 苇河 > 曙光 > 江山娇 > 铁力。所研究的山杨种源总的 Nei 遗传多样性指数为 0.595 7，每个种源的 Nei 指数分布在 0.442 1 ~ 0.594 4 范围内。

（3）山杨不同种源的平均基因杂合度（Ave_Het）均为 0.512 6。总体期望杂合度（Exp_Het*）为 0.597 1，不同种源间的变化范围为 0.453 4 ~ 0.609 6，其中江山娇种源最低，湖上种源最高。总体期望纯合度（Exp_Hom*）为 0.402 9，不同种源间的变化范围为 0.390 4 ~ 0.546 6，其中湖上种源最低，江山娇种源最高。观察杂合度（Obs_Het）在 0.483 3 ~ 0.608 3 之间，其中江山娇种源最低，湖上种源最高。观察纯合度（Obs_Hom）变化范围为 0.391 7 ~ 0.516 7，其中湖上种源最低，江山娇种源最高。基因多样度（Nei）的变化范围在 0.442 1 ~ 0.594 4 之间，其中江山娇种源最低，湖上种源最高。

（4）山杨种源内的遗传多样性占总群体的 88.57%，种源间遗传多样性占总群体的 11.43%，这说明山杨种源内变异占较大比例。山杨种源间遗传分化指数 G_{st} = 0.114 3，说明种群间遗传分化较大。山杨 6 个种群间的基因流 N_m 为 1.936 6，证明山杨种群间存在一定的基因流动，能够降低局部变异，防止适应性分化。

（5）利用 SSR 分子标记，根据 Nei's 遗传距离利用 MEGA 软件构建山杨 6 个种源间的种群遗传关系 UPGMA 聚类图。其中，湖上种源和江山娇种源的遗传距离比较近，聚为一类，方正种源与苇河种源遗传距离比较近，聚为一类。在方正种源的 5 个家系中，FZ2 和 FZ4 的遗传距离最近，被聚为一类，FZ2、FZ4 又与 FZ5 聚类在一起，其次与 FZ1 聚类，最后和 FZ3 聚类；苇河种源中 WH1 和 WH5 的遗传距离近，被聚为一类，WH2 和 WH3 被聚为一类，WH4 与其他两组关系较远；曙光种源中 SG1 和 SG3 的遗传距离近，被聚为一类，SG4 和 SG5 被聚为一类，SG2 与其他两组关系较远。

第六节　山杨工业原料林密度调控技术

合理的密度管理是提高林分生产力的重要途径之一，可有效地提高林分的稳定性，获取较大的生态效益和经济效益，为林分生长动态模型的快速构建和优质高效经营模式的建立提供科学的理论依据。本项研究采用固定标准地连续、定位测定与临时标准地调查点面相结合的方法，在林分立地类型划分、生长进程规律分析及密度效应综合评价的基础上，确定山杨林优质高效经营的最适经营密度。从定量角度出发，以林分经营密度为自变量，上层林木的平均树高、平均胸径、疏密度和林分初始密度为因变量，绘制林分的密度调控曲线图，直观展示出各变量因子间错综复杂的数量关系，提出山杨工业原料林高效经营的密度调控技术与模式，旨在为山杨工业原料林优质高效经营和森林多种生态效益发挥提供重要理论基础和科技支撑。

一、试验地自然概况

试验地点选设在黑龙江省东部的小兴安岭、完达山、张广才岭等 12 个林业局（场），地理坐标：E127°18′～132°22′、N44°50′～47°46′，平均海拔 600～1 000 m。气候属寒温带大陆性季风气候，受海洋气候环流和西伯利亚寒潮的影响，春季迟缓，风多雨水少；夏季短促湿热，光照充足；秋季降温迅速，霜期较早；冬季漫长寒冷，昼夜温差较大；≥10 ℃年有效积温2 100～2 600 ℃，生长期 100～110 d，年平均温度 −2～2 ℃，年平均相对湿度 64%～71%，年平均蒸发量 1 000～1 200 mm，年平均降水量 550～680 mm，且多集中于 6—8 月，水热同季。地带性土壤类型为花岗岩及玄武岩坡积母质上发育的山地暗棕壤，土层深厚，土壤湿润肥沃，通透性强，利于森林植物生长发育。

二、试验材料和试验方法

1.试验材料

试验材料来源于东北林区商品林中郁闭度在 0.7 以上，且未经采伐和人为干扰破坏，或虽经破坏和采伐，但时间超过 5 年的山杨次生林。光合作用、土壤水分动态变化、凋落物分解及养分归还量的测定材料来源于东北小兴安岭不同密度的山杨次生纯林的固定标准地。

2.试验方法

采用固定标准地连续、定位观测和临时标准地调查点面结合的方法。在东北天然山杨次生林主要分布区，设立面积 1 000 m²，经营密度值 0.5（1 340 株/hm²）、0.6（1 400 株/hm²）、0.7（1 600 株/hm²）、0.8（1 700 株/hm²）、1.0（2 400 株/hm²）的山杨次生林固定标准地 2 组，每种经营密度 3 块样地，分别选设在坡上位、坡中位和坡下位，共 30 块。按不同林分类型、林龄及立地类型选设临时标准地 420 块，面积 1 000 m²，选伐树干解析木 3 株/块，计 1 260 株。在固定标准地内，长期、连续地测定胸径、树高、冠幅、枝下高等生长性状，以及不同抚育强度下的林分光能利用率、凋落物分解量、养分归还量及土壤水分动态变化。

3.指标测定方法

（1）生长性状：采用断面积平均法求算林分平均胸径，运用 Richard 曲线拟合胸径与树高等相关数学模型，根据林分平均胸径推导林分平均树高。

（2）叶片性状：在固定标准地内选取 5 株标准树，将树冠分上、中和下 3 层，确定每层侧枝数量。按 4 个方位选取标准枝，查出标准枝总叶数。每个标准枝选取 10 片样叶，用 GCY-200 光电叶面仪测定样叶面积，并用电子天平测定质量，求算平均单叶面积和叶重。根据标准枝总叶数，求算标准枝总叶面积和叶重，然后根据标准枝叶面积、标准枝叶重和树冠分层，即可推导出单株林木总叶面积和叶重。

（3）光合作用：在不同经营密度值的山杨次生林固定标准地内各选 5 株标准树，将树冠分成上、中、下 3 层，从 4 个基本方位选取标准枝，每个标准枝选择 10 片样叶，5—9 月，选择不同天气类型，自上午 9—10 时起，采用改进半叶法测定光合作用。

4.统计分析方法

运用统计分析 SPSS 13.0 软件进行数据处理，方差分析采用数学模式：

$$Y_{ijk} = \mu + B_i + F_j + BF_{ij} + \varepsilon_{ij}$$

式中，Y_{ijk} 为第 i 个区组第 j 个家系的第 k 个观测值；

μ 为总体平均值；

B_i 为第 i 个区组；

F_j 为第 j 个家系；

BF_{ij} 为第 i 个区组和第 j 个家系交互效应；

ε_{ij} 为随机误差。

根据照光前后叶片干重、样叶总面积和照光时数，利用数学模式计算光合强度和光能利用率。

光合强度=[照光后叶干重（mg）－照光前叶干重（mg）]/[样叶总面积（dm^2）×照光时数（h）]

光合利用率（%）=（光合强度×2.55/叶片接受的辐射能量）×100

土壤含水量采用数学模式：

$$土壤含水量（\%）=（W_1 - W_2）/（W_2 - W_1）×100$$

三、试验结果与分析

1.天然山杨原料林立地类型划分

立地条件直接影响林木的生长发育，立地条件不同，林分生产力差异较大，因此，林木生长和环境条件间的相关性是立地分类与评价的理论依据。按立地条件划分林分类型，根据工业原料林规格材培育目标，对不同立地条件的林分采取相应的技术措施，可有效地改善林分质量，发挥林分生长潜力。在林分立地分类时，分别以立地因子（坡向、坡位、坡度、黑土层厚）、地位指数为自变量和因变量，运用数量化理论，选取偏相关系数绝对值最大的因子为最佳生长条件，依次类推，将山杨工业原料林的立地类型归为 4 个立地等级，结果见表 2-24。由表 2-24 综合评价可知，山杨工业原料林的 4 个立地级：Ⅰ立地级——半阳坡、坡中位、缓坡、黑土层厚≥31 cm；Ⅱ立地级——半阴坡、坡上位、斜坡、黑土层厚 21～30 cm；Ⅲ立地级——阳坡、坡下位、平地、黑土层厚 11～20 cm；Ⅳ立地级——阴坡、山脊部、陡坡、黑土层厚≤10 cm。

表 2-24　天然山杨原料林立地类型划分结果

立地因子		偏相关系数	立地等级
坡向	阳　坡	0.005 46	Ⅲ
	半阳坡	−0.049 52	Ⅰ
	半阴坡	0.036 36	Ⅱ
	阴　坡	−0.002 52	Ⅳ
坡位	山　脊	0.001 34	Ⅳ
	坡上位	0.007 71	Ⅱ
	坡中位	0.008 66	Ⅰ
	坡下位	0.006 26	Ⅲ
坡度	0°～5°	−0.092 84	Ⅲ
	6°～15°	0.228 13	Ⅰ
	16°～25°	0.143 12	Ⅱ
	≥26°	0.026 25	Ⅳ
黑土层厚	≤10 cm	0.039 89	Ⅳ
	11～20 cm	−0.144 58	Ⅲ
	21～30 cm	−0.203 17	Ⅱ
	≥31 cm	0.266 34	Ⅰ

2.天然山杨原料林生长进程规律分析

在立地分类的基础上,将林分平均树高和平均胸径按 2 年一个龄阶回归,拟合不同立地等级的林分生长进程模型,然后根据生长进程动态趋势,将天然山杨原料林林分树高和胸径生长进程大致划分成 3 个生长阶段,即速生期（20 年前）、均稳生长期（21～40 年）和缓慢生长期（41 年后）。若按主伐年龄 45 年计算,在整个生长过程中,山杨工业原料林 3 个生长阶段的胸径生长量分别占 48%～51%、33%～40%、7%～15%,树高生长量分别占 55%～58%、33%～36%、7%～9%。

3.天然山杨原料林密度效应评价

山杨林的存量资源均属天然更新,林分疏密不均,单位面积株数均超过或低于最适宜经营密度的标准,直接影响全林地的生产力和生产者的经济效益。选择不同的林分类型和立地条件,按经营密度设立固定标准地,连续定位测定林分生长性状、形质指标、光能利用率、养分归还量及林内土壤水分动态变化，以揭示天然山杨原料林的密度效应，测定结果见表 2-25。由表 2-25 可见，单株叶量随经营密度的增大而减少，山杨林单株叶面积 60.011 m²、林分平均冠长 7.56 m、林分平均冠幅 4.24 m，均以经营密度值 0.7 时最大，且到达林地的透射辐射最多，光能利用率（1.68%）最高，干物质积累量（2 147.12 kg/hm²）最多，林地生产力最大。凋落物总量随经营密度增大而增多，分解率随经营密度增大而减少，营养元素归还量（N：136.48 kg/hm²、P：11.60 kg/hm²、K：20.05 kg/hm²、Ca：61.89 kg/hm²、Mg：14.12 kg/hm²）则以中等经营密度值 0.7 时最大，主要原因在于：密度过大，林内和土壤温度较低，通风不畅，减少微生物的数量，减弱微生物活动能力，降低凋落物的分解速度。立地条件相同，土壤含水量随经营密度变化波动较大。林分经营密度相同，土壤含水量随土层深度的增加而减少，变化趋势基本一致。经营密度不同，同一土层深度的土壤含水量随经营密度的减少而降低，经营密度值高于 0.7 时，土壤含水量波动较小，而经营密度值低于 0.7 时，土壤含水量明显降低。

表 2-25　天然山杨原料林密度效应综合分析结果

经营密度	光合作用			土壤水分				凋落物分解量/（kg/hm²）		
	干物质积累量/（kg/hm²）	光能利用率/%	材积/（m³/hm²）	≤10 cm	10～20 cm	20～30 cm	≥30 cm	总量	分解量	分解率/%
0.5	1 474.47	1.45	3.386	40.31	30.13	22.96	22.13	12 140	6 177	50.88
0.6	1 707.45	1.51	3.566	40.69	35.64	26.99	24.04	13 167	6 306	47.89
0.7	2 147.12	1.68	4.022	49.60	43.37	30.03	27.58	13 906	6 447	46.36
0.8	1 866.76	1.46	3.019	49.71	45.27	34.13	28.56	14 840	5 534	37.29
1.0	1 554.26	1.02	3.065	50.22	49.14	35.35	29.15	16 800	5 895	35.09

经营密度	营养元素归还量/（kg/hm²）					冠长/m	冠幅/m	单株叶面积/m²	单株叶量/g
	N	P	K	Ca	Mg				
0.5	130.76	11.12	19.21	59.30	13.53	5.85	3.16	56.335	16.74
0.6	133.50	11.35	19.61	60.54	13.81	6.62	3.84	51.558	16.01
0.7	136.48	11.60	20.05	61.89	14.12	7.56	4.24	60.011	15.12
0.8	117.15	9.96	17.21	53.13	12.12	6.20	4.12	19.689	13.16
1.0	124.80	10.61	18.31	56.59	12.91	5.66	3.96	44.029	12.05

4.经营密度对天然杨桦工业原料林生长量的影响

经营密度直接影响林分生长量，为探讨经营密度对天然杨桦工业原料林生长量的影响，选择较高立地等级（Ⅰ、Ⅱ）的林分设立固定标准地，连续4年测定结果见表2-26。从表2-26可见，单位面积林分的胸径年生长量随经营密度增大而减少。由于林分立木蓄积取决于胸径、树高和形数3个主要因子，且经营密度对3个因子的影响显著，致使林分蓄积量的变化规律明显有别于胸径的变化，以经营密度值0.7时最大，平均蓄积生长量远远高于同组内其他经营密度值的林分。

表2-26 天然杨桦工业原料林密度调控经济效果分析

立地等级	经营密度	4年胸径生长量/cm		4年蓄积生长量/（m³/hm²）	
		总生长量	平均生长量	总生长量	平均生长量
Ⅰ	0.5	1.60	0.40	10.296	2.570
	0.6	1.50	0.37	15.456	3.864
	0.7	1.50	0.37	21.944	5.486
	0.8	1.30	0.32	17.968	4.492
	1.0	1.00	0.25	16.840	4.210
Ⅱ	0.5	1.64	0.41	13.044	3.261
	0.6	1.48	0.37	14.608	3.652
	0.7	1.52	0.38	17.856	4.464
	0.8	1.28	0.32	15.260	3.815
	1.0	1.12	0.28	12.844	3.211

5.天然杨桦工业原料林密度调控技术

通过林分生长进程规律、密度效应及经营密度对林分生长量影响的综合分析与评价，确定天然山杨原料林的最适经营密度为0.7。在该密度条件下，林分能够充分利用生境，生长势较强，光能利用率最高，养分归还量最多，林分蓄积生长量最大，经济效益显著。采用林分密度调控技术，以林分密度为自变量，以上层林木平均树高、平均胸径、林分疏密度和林分初始密度为因变量，绘制林地产量函数图形（图2-8），直观地展示林分上层林木平均树高、平均胸径、疏密度、株数密度和蓄积量之间错综复杂的数量关系。利用林分密度控制图，从定量角度可快捷、准确地确定林分最适密度下的林分蓄积、间伐株数、间伐蓄积和间伐强度，合理地经营天然山杨原料林，以提高土地和空间的利用率。诸如：东北天然山杨原料林的平均胸径10 cm、密度2 875 N/hm²、蓄积 174.0 m³/hm²，第一次间伐自 A 点（等直径线 10 cm），沿等直径线下移至最适密度线交汇于 B 点，此点林分胸径 10 cm、密度 2 195 N/hm²、蓄积 148.4 m³/hm²，A 点与 B 点之差即为间伐株数和蓄积，A 点与 B 点的比值为间伐强度。

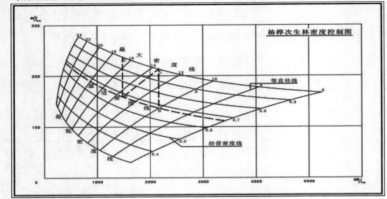

图 2-8　杨桦次生林密度控制图

四、小结

（1）山杨林是东北次生林的重要林分，运用数量化理论，将山杨原料林的立地类型划分为 4 个立地等级。在立地分类的基础上，按多项式拟合不同立地等级林分平均树高及平均胸径的生长进程模型，根据其生长动态趋势，将林分生长进程大致划分为 3 个生长阶段，即速生期、均稳生长期和缓慢生长期。

（2）合理的经营密度可有效地提高林分稳定性和林地生产力，直接影响生产者的经济效益。山杨原料林凋落物总量随经营密度的增大而增多，单株叶量、凋落物分解率随经营密度的增大而减少，单株叶面积、林分平均冠长和冠幅等性状则以经营密度值 0.7 时最大，且光能利用率最高，干物质积累量最多，林地生产力最大。林分经营密度相同，土壤含水量随土层深度的增加而减少；经营密度不同，同一土层深度的土壤含水量随经营密度的减少而降低。

（3）单位面积林分胸径年生长量随经营密度的增大而减少，林分蓄积量则以经营密度值 0.7 时最大。依据林分生长进程和密度效应的综合分析与评价，确定天然山杨原料林的最适经营密度值为 0.7。利用林分密度控制图，从定量角度确定林分最适密度下的林分蓄积、间伐株数、间伐蓄积和间伐强度，以科学合理地经营天然山杨原料林，为山杨人工林的经营提供科学依据，提高土地和空间的利用率。

第七节　山地杨树倍性育种研究

一、山地杨树发育生物学研究

（一）材料及其来源

以山杨作为山地杨树发育生物学的研究对象，对山杨大、小孢子母细胞减数分裂及胚囊发育进程进行观察。山杨雌、雄花枝取自林口县青山国家落叶松良种基地山杨优良种源基因保存林，母树均为江山娇、永幸、方正、带岭、大牙克和青山六个优良种源优良单株。2 月中下旬在杨树花芽经过低温锻炼且尚未开裂时采取枝条，选取生长优异，树干通直、健壮，无病虫害的山杨优树，采集树冠中上部相对一致的、花芽饱满的雌雄花枝，用塑料薄膜包扎严密，低温贮藏备用。

（二）研究方法

1.山地杨树小孢子母细胞减数分裂与外部形态观察

1）山杨小孢子母细胞减数分裂永久制片方法

3 月中旬，温室（10~20 ℃）内水培山杨雄株，每隔 4 h 取 3~4 个花芽，观察并记录其外部形态后剥去鳞片，用卡诺固定液（冰醋酸与无水乙醇体积比 1:3）固定 2~24 h，放置于 4 ℃的冰箱内以增进固定效果。

2）山杨小孢子母细胞减数分裂进程即时判别方法

观察小孢子母细胞减数分裂进程，采用醋酸洋红压片法：用镊子夹取若干花药置于载玻片上，滴加一滴 2%的醋酸洋红染液染色，除去花盘，用镊子夹碎，将花药壁组织清除干净以利于压平，从一侧轻盖盖玻片，用滤纸吸去多余染液，置于 Leica DM3000 生物显微镜下观察拍照。统一从花芽中部取样，保持取样部位的一致性，减少花芽减数分裂过程不同步的现象，该时段的减数分裂时期以全部分裂相中占大多数的时期为代表。

2. 山地杨树大孢子母细胞减数分裂与外部形态观察

将山杨雌花枝与雄花枝于相同条件下培养，每隔 4 h 选取 3~4 个花芽，观察记录其外部形态，同时测量花芽长度后除去芽鳞，放入 FAA 固定液（70%乙醇:冰醋酸:38%甲醛=18:1:1）中固定，用注射器简易抽真空的方法，排出花序与苞片等组织间的空气，使材料迅速完全浸入固定液中，置于 4 ℃的冰箱内低温储存。

采用石蜡切片、铁矾苏木精染色法观察大孢子母细胞减数分裂进程。方法如下：先脱水，酒精梯度依次为 70%、85%、95%、100%、100%，前三级脱水时间为 2 h，而后两次脱水时间分别为 1.5 h 和 1 h。经过等比例二甲苯和无水乙醇混合液，两次纯二甲苯，各 4 h 进行透明，之后放入 65 ℃恒温干燥箱完成浸蜡过程，浸蜡要循序渐进，先用等体积石蜡二甲苯混合物，再经过换纯石蜡 2 次，每次各 4 h 以完全除去二甲苯，之后进行包埋，需注意小花排列方向要保持一致。包埋蜡块冷凝后，可以进行修块切片，切片厚度 8~10 μm，最后用甘油蛋白黏片剂黏片完成制片程序。切片需放置一天，充分干燥后才可进行脱蜡染色，染色时先用 2% $FeSO_4$ 媒染 30 min，再经水冲洗 10 min 后，用苏木精染色液染 30 min，用蒸馏水冲去多余染液，采用饱和苦味酸分色 30 min，而后用自来水冲洗 10 min 蓝化，经过脱水、透明，最后用中性树胶封片制成永久切片，置于 Leica DM 3000 生物显微镜下观察。

3. 山地杨树胚囊发育过程观察

水培山杨雌株授粉后，每隔 6 h 取 2~4 个花芽，剥去芽鳞，用 FAA 固定液固定，置于 4 ℃的冰箱内低温储存。观察采用常规石蜡切片法和铁矾苏木精染色法，切片厚度 8 μm。切片流程同上，而后用 Leica DM 3000 生物显微镜观察。

（三）结果与分析

1. 山地杨树小孢子母细胞减数分裂与外部形态观察

1）小孢子母细胞减数分裂进程

杨树花芽在夏末或秋初形成，必须经过冬季的低温作用，待翌年春季气温升高时才能正常发育。白杨派树种要求低温发育时期较长，最低温度也要达到阈值，过早采集花枝不能正常开花、散粉。在自然条件下，通常 4 月上旬山杨小孢子母细胞减数分裂开始，到散粉需要近一个月的时间，而温室培养能够加快这一进程，通过醋酸洋红染色显微镜观察发现，山杨发育到四分体时期需 3~5 d，完成小孢子母细胞发育大约需 160 h，发育的具体时期如下：

细线期：山杨雄花枝水培后 40 h 启动减数分裂，这个时期核仁极为明显，细胞核体积较大，染色体伸展程度大，呈很长的单线状，杂乱无序而且不易识别（图版I-1）。

细线末期：水培后 52 h，细胞内的染色体螺旋化加强，形成细丝，在核仁一侧集中呈花束状向核内其他部位延伸（图版I-2）。

粗线期：水培后 60 h，染色体螺旋化继续加强，收缩变粗，形态明显，此时已经完成同源染色体联会，每对同源染色体含有 4 条染色单体，染色体相互重叠缠绕，不易区分（图版I-3）。

双线期：水培约 64 h，联会的同源染色体相互排斥而发生分离，染色体进一步缩短，此时可看到二价染色体出现一个或数个交叉结（图版I-4）。

终变期：水培 72 h 左右，染色体螺旋化进一步加强，长度缩短，甚至收缩成点状，呈高度浓缩状态。染色体颜色进一步加深，分散到核的边缘，核仁缩小乃至消失（图版I-5）。

中期I：水培大约 76 h，小孢子母细胞减数分裂进入中期I，该时期核膜开始解体，分散的配对同源染色体凝聚成短棒状，向新形成的纺锤体中部移动，最后整齐排列在中部赤道区（图版I-6）。

后期I、末期I、前期II：水培后 84 h，分离的同源染色体在纺锤丝牵引下向两极移动，进入后期I，染色体到达两极后解螺旋重新变成细丝状，核膜重新形成，为末期I，可见最多 8 个小核仁共存于一个子核内，而后逐渐合并形成两个子核，进入前期II（图版I-7 至图版I-10）。

中期II：水培后 96 h，染色体螺旋化加剧，形态更加明显，出现两个纺锤体，两组染色体在各自纺锤丝牵引下，最终分别整齐排列在两个赤道板上（图版I-11）。

后期Ⅱ：水培至 100 h，此时姐妹染色单体相互分离，各自向其两极运动（图版I-12）。

末期Ⅱ：此时四组染色体到达两极后开始解螺旋，长度有所增加，核仁开始重新组装，形成 4 个子核（图版I-13~14）。

四分体：水培后 108 h，细胞赤道板附近形成两条相互垂直的环形缢缩，将原来的细胞分隔成 4 个，形成 3 种形态的四分体，分别为左右对称型、四面体型、交叉型（图版I-15~17）。

单核早期：水培 116 h 左右，胼胝质壁逐渐溶解，四分体逐步分离，形成 4 个单核小孢子，每个小孢子体积较小，形状规则，细胞质浓厚，单倍体细胞核居于中央（图版I-18）。

单核靠边期：水培后 136 h，小孢子体积逐渐增大，外形为规则圆球状，形成花粉壁和萌发孔，核体积增大而细胞质变得稀薄，液泡化加剧形成，中央大液泡使核向花粉的一侧运动，发育至单核靠边期（图版I-19）。

双核期：水培 160 h，单核小孢子通过有丝分裂，形成具有一个较大的营养细胞核和一个较小的生殖细胞核的双核小孢子，发育至双核期（图版I-20）。

通过以上观察可知，山杨在温室水培条件下，小孢子母细胞减数分裂共历时 160 h，水培 188 h 开始散粉。

2）小孢子母细胞减数分裂进程及其外部形态对应关系

通过表 2-27 可以看出，山杨小孢子母细胞减数分裂与其花芽外部形态特征存在一定关联性，通过观察雄花芽的形态学特征可以大致确定其减数分裂所处时期。随着减数分裂的进行，花序逐渐露出，花药颜色逐渐加深，由嫩绿色逐渐变为深红色。开始水培时，花序微微露出，为小孢子母细胞时期。水培 40 h 时，花芽开始膨大，露出 1/4 花序，花药颜色嫩绿色，此时已进入细线期，这是减数分裂开始的时期。小孢子母细胞水培 52 h 发育至细线末期，露出 1/3 花序，花药颜色黄绿色。当水培 60 h 左右，露出 1/2 花序，花药颜色黄中带红，为粗线期至终变期。当水培 76 h 左右时，花序明显伸长，花芽发育到中期I，此时花药已变成微红色。水培自 96 h 起，花序伸长，花药变为红色，明显可见，发育时期为中期Ⅱ至四分体时期。水培自 116 h 起，花药变为深红色，发育时期为花粉单核至双核期。山杨雄花序外部形态见图2-9，花药颜色变化如图2-10。

表2-27 山杨小孢子母细胞减数分裂进程与雄花芽外部特征对应关系

水培时间/h	减数分裂阶段	花序形态	花药颜色
0	小孢子母细胞	花序微露	嫩绿色
40	细线期	花序1/4露出	嫩绿色
52	细线末期	花序1/3露出	黄绿色
60	粗线期至终变期	花序1/2露出	黄中带红
76	中期Ⅰ至前期Ⅱ	花序伸长	微红
96	中期Ⅱ至四分体	花序明显伸长	红色
116	花粉单核至双核期	花药露出	深红

图2-9 山杨雄花序外部形态

1.花序微露；2.花序1/4露出；3.花序1/3露出；4.花序1/2露出；
5.花序伸长；6.花序明显伸长，露出花药

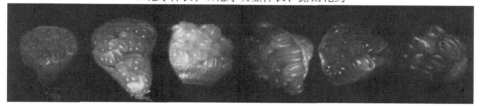

图2-10 山杨花药颜色变化

1.嫩绿色；2.黄绿色；3.黄中带红；4.微红；5.红色；6.深红色

2.山地杨树大孢子母细胞减数分裂与外部形态观察

1）大孢子母细胞减数分裂进程

山杨雌花序荑黄状，具花梗，由数十朵雌花螺旋状互生组成，基部具掌状条裂的棕褐色苞片。雌蕊由子房、短的花柱和两深裂柱头组成，子房的近基部包被于环状花盘之中。二心皮，子房单室，倒膜胎座，胚珠7~9枚，单珠被，厚珠心。大孢子母细胞与周围细胞有明显区别，体积较大，位于厚珠心的深处。在温室内培养84 h后，山杨大孢子母细胞开始进行减数分裂，观

察结果如下：

细线期：水培后 84 h，大孢子母细胞进入前期Ⅰ的细线期（图版Ⅱ-1），细胞核大，核仁明显，核仁中出现细长如丝、不易区分的染色体，这是山杨大孢子母细胞减数分裂的开始时期。

细线末期：水培112 h进入细线末期，此时细胞核中的染色体螺旋化加强，在核仁一侧发生极化，呈花束状向核内其他部位延伸（图版Ⅱ-2）。

粗线期：水培后 136 h，染色体形态明显，螺旋化继续加强，变短变粗，此时已经完成同源染色体联会，每对同源染色体含有 4 条染色单体，但染色体仍然较长，相互折叠缠绕，不易辨别（图版Ⅱ-3）。

双线期：水培后 160 h，联会的同源染色体相互排斥而发生分离，染色体进一步缩短，此时可看到二价染色体出现一个或多个交叉结（图版Ⅱ-4）。

终变期、中期Ⅰ：水培后 168 h，染色体螺旋化更趋紧密，呈高度浓缩状态，长度继续缩短形成短棒状结构，均匀地分布在细胞核中，染色体颜色进一步加深，核仁变小乃至消失（图版Ⅱ-5），为前期Ⅰ的终变期。而后进行到中期Ⅰ，此时核膜解体，形成纺锤体，配对的同源染色体凝聚成短棒状，最后在纺锤丝牵引下整齐排列于中部赤道区（图版Ⅱ-5 至图版Ⅱ-6）。

后期Ⅰ、前期Ⅱ、中期Ⅱ：水培后 180 h，山杨大孢子母细胞减数分裂呈现出明显的不同步性，可以观察到从后期Ⅰ到中期Ⅱ的全部分裂相，可能是减数分裂进程加快导致这几个时期时间短造成的。分离的同源染色体在纺锤丝牵引下向两极移动，进入后期Ⅰ，染色体到达两极后解螺旋变成细丝状，核膜重新形成，为末期Ⅰ，而后逐渐合并形成两个子核，进入前期Ⅱ，染色体显著收缩，形态更加明显，两组染色体在各自纺锤丝牵引下，最终整齐排列在各自的赤道板上，为中期Ⅱ（图版Ⅱ-7 至图版Ⅱ-9）。

后期Ⅱ、末期Ⅱ：水培184 h，此时姐妹染色单体随着二分体的着丝点分裂而分离。染色体运动到两极后，长度增加，完全解螺旋，染色体上核仁物质也开始聚集。

四分体：水培 192 h，山杨大孢子母细胞形成直线形排列的四分体（图版Ⅲ-1）。

通过以上观察发现，3 月中旬在温室水培条件下，山杨大孢子母细胞减数分裂前期I持续时间较长，而后分裂进程加快，整个减数分裂过程共历时 192 h。

2）大孢子母细胞减数分裂进程及其外部形态对应关系

对山杨雌花序进行观察发现，随着减数分裂的进行，山杨雌花序芽鳞逐渐从花序露出，长度明显增长，见表 2-28。

表 2-28　山杨大孢子母细胞减数分裂过程与雌花序外部特征

水培时间/h	花序形态变化	花芽长度/mm	减数分裂阶段
0	花序微露	8.91 ± 0.72	大孢子母细胞
84	花序微露	9.76 ± 0.74	细线期
112	1/4 花序露出	10.39 ± 0.77	细线末期
136	1/3 花序露出	11.01 ± 1.03	粗线期
160	1/2 花序露出	14.08 ± 1.54	双线期至中期 I
180	2/3 花序露出	17.87 ± 2.08	后期I至中期II
192	花序全部露出	21.31 ± 1.90	后期II至四分体

山杨开始水培时，花序微微露出芽鳞，为大孢子母细胞时期（图 2-11，1）。水培 84 h 左右后进入减数分裂前期 I 的细线期，是减数分裂开始的时期，花芽长度为 9.76 ± 0.74 mm。水培 112 h 时，花芽开始膨大，1/4 花序露出（图 2-11，2），花芽长度为 10.39 ± 0.77 mm，此时已进入细线末期。水培 136 h，1/3 花序露出（图 2-11，3），花芽长度为 11.01 ± 1.03 mm，为粗线期。当水培 160 h 左右时，花序明显伸长，露出 1/2 花序（图 2-11，4），花芽发育到中期 I，此时花芽长度为 14.08 ± 1.54 mm。水培 180 h，2/3 花序露出（图 2-11，5），花芽长度为 17.87 ± 2.08 mm，发育时期为后期 I 至中期 II。水培 192 h，花序全部露出，可见红色柱头（图 2-11，6），花芽长度为 21.31 ± 1.90 mm，为后期 II 至四分体。山杨大孢子母细胞减数分裂与花芽外部形态特征有一定的相关性。

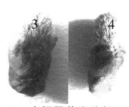

图 2-11　山杨雌花序外部形态
1.花序微露；2.1/4 花序露出；3.1/3 花序露出；
4.1/2 花序露出；5.2/3 花序露出；6. 花序全部露出

3. 山地杨树大、小孢子母细胞减数分裂进程及其花序外部形态对应关系

山杨大孢子母细胞发育较小孢子母细胞迟缓，但是分裂进程快，能够在最终取得一致性的成熟。当山杨雄株散粉时，雌花刚好到达可授期，配合得刚好，这是山杨为适应环境自然进化的结果。如表 2-29 所示，当水培 84 h，山杨小孢子母细胞进行到减数分裂后期 I 至后期 II 时，大孢子母细胞减数分裂刚刚启动进入细线期；小孢子母细胞减数分裂进行到四分体和花粉单核早期时，大孢子母细胞发育到细线末期；雄配子体发育到单核靠边期时，大孢子母细胞减数分裂进行到粗线期；而雄配子体发育到花粉双核期时，大孢子母细胞从双线期继续分裂至减数分裂完成。根据山杨大、小孢子母细胞减数分裂时序相关性，同培养条件下的大孢子母细胞减数分裂时期可以参照小孢子发育进程做出即时判别。

表 2-29　山杨大、小孢子母细胞减数分裂进程及其外部形态对应关系

水培时间 / h	小孢子减数分裂			大孢子减数分裂		
	花序特征	花药颜色	时期	花序特征	花芽长度/mm	时期
0	花序伸长	微红	细线期至中期I	花序未露	8.91±0.72	大孢子母细胞
84	1/2 以上花序露出	微红	后期I至后期II	花序微露	9.76±0.74	细线期
112	1/2 以上花序露出	红色	四分体、单核早期	1/4 花序露出	10.39±0.77	细线末期
136	花药露出	深红	单核靠边期	1/3 花序露出	11.01±1.03	粗线期
160	花药露出	深红	双核期	1/2 花序露出	14.08±1.54	双线期至中期I
180	花药露出	深红	双核期	2/3 花序露出	17.87±2.08	后期I至中期II
192	花药露出	深红	双核期	花序全部露出	21.31±1.90	后期II至四分体

4. 山地杨树胚囊发育进程观察

通过制片和解剖观察发现，山杨雌花序为数十朵雌花组成的荬荑花序，雌花具花梗，螺旋状互生，基部具掌状条裂的棕褐色苞片。雌蕊柱头由两深裂组成，子房的基部包被于环状花盘之中。二心皮，子房单室，倒膜胎座，胚珠 7~9 枚，单珠被，厚珠心。山杨胚囊发育类型属于蓼型。大孢子母细胞

减数分裂成四分体（图版Ⅲ-1），近合点端的大孢子发育为功能大孢子，其余3个大孢子逐渐解体并程序化死亡（图版Ⅲ-2）。

授粉后 18 h，功能大孢子继续向胚囊中部延伸，体积逐渐增大，液泡明显增多，形成细胞核位于中央的单核胚囊（图版Ⅲ-3）。授粉后 36 h，单核胚囊发育成二核胚囊，通过有丝分裂后形成 2 个核，不形成细胞壁，随着中央液泡的逐渐增大，两个核分别移向胚囊的珠孔端和合点端 （图版Ⅲ-4）。授粉后 48 h，二核胚囊体积继续增大，两极的细胞核分别进行一次有丝分裂，各形成 2 个核，发育成四核胚囊（图版Ⅲ-5）。授粉后 60 h，胚囊进入八核胚囊发育时期，靠近珠孔与靠近合点的两端各有 4 个核（图版Ⅲ-6）。授粉后 72 h，珠孔端四个细胞分化成 2 个助细胞、卵细胞和一个极核，合点端的 4 个核分化出 3 个反足细胞和另一个极核，两个极核向胚囊中央移动，构成并列极核，形成中央细胞，至此山杨雌花发育到成熟胚囊阶段（图版Ⅲ-7 至图版Ⅲ-8）。

山杨胚囊发育进程存在不同步性，雌蕊授粉后 18 h 开始陆续进入胚囊发育过程，大部分细胞在授粉后 72 h 完成胚囊发育过程，全部细胞到达成熟胚囊发育阶段需要 96 h 左右。

（四）小结

在室温 10~20 ℃条件下水培山杨雌、雄花枝，能够加快细胞分裂速度，加速营养物质、生长物质运输，使大、小孢子母细胞发育进程大大加快。在自然条件下，山杨小孢子母细胞大约在 4 月上旬开始减数分裂，到散粉需要近 1 个月的时间，而在温室水培发育到四分体时期需 3~5 d，水培 8~10 d 就能达到散粉期。山杨小孢子母细胞减数分裂与雄花芽外部形态及花药颜色具有相关性，随着减数分裂的进行，花药颜色加深，由嫩绿色逐渐变为深红色。山杨小孢子发生起始于水培后 40 h，进入细线期，花芽开始膨大，露出 1/4 花序，花药颜色嫩绿色，细线期之后大约经过 12 h 进入细线末期，此时花药颜色黄绿色，继续水培 8 h 左右，为粗线期至终变期，花药颜色黄中带红。当水培 76 h 左右时，花序明显伸长，花药已变成微红色，此时花芽发育到中期Ⅰ，而后水培 8 h，减数分裂逐步进入后期Ⅰ、末期Ⅰ、前期Ⅱ。自水培 96 h 起，花药变为红色，发育时期为中期Ⅱ至四分体时期。水培 116 h 花药深红色，为花粉单核至双核期，整个发生发育过程大约持续 160 h，水培 188 h 开始散粉。

对山杨雌花序观察发现，山杨大孢子母细胞减数分裂与雌花芽外部形态也具有一定的相关性，随着减数分裂的进行，山杨雌花序逐渐露出鳞片，长度伸长。水培 84 h 左右后进入减数分裂前期 I 的细线期，是减数分裂的开始时期，此时花序微微露出芽鳞，花芽长度为 9.76 ± 0.74 mm。水培 112 h 时，花芽开始膨大，1/4 花序露出，此时已进入细线末期。水培 136 h，1/3 花序露出，为粗线期。当水培到 160 h 时，花序明显伸长，露出 1/2 花序，花芽发育到中期 I。水培至 180 h，2/3 花序露出，发育时期为后期 I 至中期 II。水培192 h，花序全部露出，可见雌蕊柱头，为后期 II 至四分体。

通过对比发现，山杨大、小孢子母细胞减数分裂具有相关性，虽然山杨大孢子母细胞发育较小孢子母细胞迟缓，但是分裂进程快，最终取得一致性的成熟。山杨小孢子母细胞减数分裂进行到后期 I 至后期 II 时，大孢子母细胞减数分裂刚刚启动进入细线期；小孢子母细胞减数分裂进行到四分体和花粉单核早期时，大孢子母细胞发育到细线末期；雄配子体发育到单核靠边期时，大孢子母细胞减数分裂进行到粗线期；而雄配子体发育到双核期时，大孢子母细胞从双线期继续分裂至减数分裂完成。

小孢子母细胞减数分裂时期可以通过制作醋酸洋红压片即时获得，但由于大孢子母细胞包裹于厚珠心深处，观察其减数分裂必须经过常规石蜡切片制片，实验步骤繁复、时间长，无法立即确定其减数分裂时期。而现在山杨大孢子母细胞减数分裂时期可以根据大、小孢子减数分裂时序的相关性，配合大孢子减数分裂与雌花序外部形态的对应关系，通过相同培养条件下小孢子发育进程的观察即时判别，具有十分重要的意义。

山杨胚囊发育的类型属于蓼型。大孢子母细胞减数分裂成四分体，近合点端的大孢子继续发育成功能大孢子，其余 3 个大孢子逐渐程序化死亡。授粉后 18 h，功能大孢子延伸至胚囊中部，形成单核胚囊。授粉后 36 h 单核胚囊进行第一次有丝分裂，发育成二核胚囊。授粉后 48 h，二核胚囊两极的细胞核分别进行再一次有丝分裂，各自形成 2 个核，发育为四核胚囊。授粉后 60 h，胚囊进入八核胚囊时期。大约再经过 12 h，八核胚囊发育到成熟胚囊阶段。山杨胚囊发育进程存在不同步性，雌蕊授粉后 18 h 开始陆续进入胚囊发育过程，大部分细胞授粉后 72 h 完成胚囊发育过程，全部细胞到达成熟胚囊发育阶段需要 96 h 左右。

掌握大、小孢子母细胞减数分裂进程和胚囊发育进程的相关规律对于山地杨树雌配子诱导加倍有重要的指导意义，同时对于确定授粉前、后施加诱变剂诱导山地杨树多倍体的有效处理时期以及揭示其相关作用机制也有重要意义。

二、山地杨树多倍体诱导

（一）材料及来源

利用山杨、大青杨以及中美山杨（*Populus* davidiana×*P. tremuloides*）、银中杨（*Populus* alba ×*berolinensis*）两个杨树杂交品种。山杨取自林口县青山林场山杨基因保存林，分别为江山娇、永幸、方正、带岭、大牙克、青山六个优良种源，以上六个种源分别定植于 9301 与 9503 基因保存林，取样时大部分已进入生殖期，大青杨雌株为伊春丽林实验林场大青杨优良单株，雄株选取鹤岗种源和林口青山种源大青杨优树，中美山杨取自黑龙江省林业科学院院内保存林，是引进的生长优异的美洲山杨（*Populus tremuloides*）花粉与优良种源的中国山杨进行地理远源杂交选育出的优良品种，银中杨取自哈尔滨市哈平路绿化带。银中杨为黑龙江省防护林研究所通过银白杨与中东杨种间杂交获得的三倍体，现作为三北地区城市绿化树种得到广泛推广。

（二）研究方法

1.杨树雌雄花枝的采集与水培

3 月上旬采集山杨、大青杨雌雄花枝，此时杨树花芽在自然状态下经过低温发育尚未开裂。选取树干通直、健壮、无病虫害的杨树，采集树冠中上部部位相对一致的、直径在 1.5~2.0 cm、花芽饱满的雌雄花枝。雄株长度 1.5 m 以上，雌株长度 2 m 以上，做好标注，用塑料薄膜包扎严密，运回哈尔滨低温贮藏。3 月末比照以上方法采集中美山杨雌雄花枝。水培枝条前需整枝，修剪掉生长不良、过密、徒长无花芽及有病虫害的花枝，在顶端保留一个叶芽，其余叶芽全部去掉，并将基部修剪成楔形以利于水分吸收，雄株保留尽量多的花芽以收集大量花粉，雌株保留生长良好、便于浸渍法绑瓶处理的花芽，放入温室 10~25 ℃水培，每隔 2~3 d 换水。

2.利用杨树 2n 花粉诱导三倍体

1）杨树 2n 花粉诱导

花粉染色体加倍采用了秋水仙碱瓶浸处理的方法，利用花药颜色和临时压片确定小孢子母细胞减数分裂时期，对减数分裂处于细线早期、细线末期至粗线期、终变期至中期Ⅰ、中期Ⅱ的雄花芽施以秋水仙碱溶液处理，持续时间分别为 2 h、4 h、6 h，浓度分别为 0.1%、0.3%、0.5%，每次处理 5~10 个花芽，重复 3 次，继续水培直至散粉，收集花粉，统计 2n 花粉比率。

2）利用杨树 2n 花粉杂交诱导三倍体

将诱导获得的花粉与正常二倍体雌株杂交，注意养护，适时套袋，收取种子并播种以待倍性鉴定。

3）利用杨树 2n 雌配子授粉前施加秋水仙碱诱导三倍体

以优质种源山杨为亲本，采用秋水仙碱水溶液诱导山杨未授粉雌花芽。将雌花枝进行切枝水培，自水培 24 h 开始后，每隔 24 h 直至授粉期，采用不同浓度秋水仙碱水溶液处理雌花序，浓度分别为 0.1%、0.3%、0.5%，连续处理时间为 24 h、36 h 和 48 h，处理方式采用瓶浸法，药液要完全浸过花序。每个浓度和持续时间组合处理 4~5 个雌花序，处理后的花枝继续水培，进而授以正常花粉。次年根据前一年结果筛选最适宜浓度、最合适持续处理时间（即处理浓度 0.3%，持续时间 24 h），自水培 72 h，每隔 12 h 再次进行三倍体诱导，同时用 FAA 固定液固定与处理花序状态一致的雌花序，以检验实际发育情况。

（1）最佳授粉时期的判定。

每天观察花序雌蕊柱头形态，待柱头从花序中显露出来后对山杨和大青杨进行可授性检测。观察柱头形态须结合李艳华和康向阳联苯胺-过氧化氢法，即用联苯胺-过氧化氢反应液（1%的联苯胺:3%过氧化氢:水=4:11:22，体积比）对各个发育时期的柱头进行染色处理，柱头周围呈现蓝色并伴有大量气泡出现，表明进入可授期。

（2）人工授粉杂交育种。

水培山杨、中美山杨、大青杨雄花枝，密切观察以便及时收粉，收集花粉时注意避免花粉间相互污染。用硫酸纸做成漏斗，轻抖小枝，动作要轻柔，避免振落旁边花枝花粉造成浪费。将花粉收集到玻璃小瓶中，在瓶中加入变色硅胶干燥剂，4 ℃冰箱低温冷藏备用。水培雌花芽，注意观察雌蕊柱头形态，适时套上单面透光的牛皮纸袋避免污染，待最佳可授期用小毛笔蘸取花粉进行人工授粉，而后套袋直至柱头全部萎蔫。树上非离体杂交选择优良雌株中花枝位置较低的单株，将选择好的花枝进行固定，尽量使其位置最低，同时固定也减少了风对套袋的影响。观察雌花发育情况，待雌花开放前 3 d，对雌花芽进行套袋，待最佳可授期用小毛笔蘸取花粉进行人工授粉，然后套袋，加倍诱导时将杂交袋去掉。

（3）授粉后施加秋水仙碱诱导多倍体。

分为切枝水培诱导与树上非离体诱导。

切枝水培诱导以不同种源山杨为母本，以中美山杨为父本，进行授粉后诱导山杨多倍体。第一年采用秋水仙碱水溶液对授粉后的水培山杨雌花序进行诱导，秋水仙碱溶液浓度采用 0.1%、0.3%和 0.5%，自授粉 24 h 后，每隔 24 h 采用浸泡方式处理授粉花芽。每次处理持续时间为 24 h、36 h 和 48 h。每次处理 2~3 枝雌花枝，在授粉后每枝保留 2~3 个花序，继续将花枝在温室内培养，收取种子播种以待测定。

次年根据前一年实验结果筛选最适宜浓度、最合适持续处理时间，对授粉后切枝水培山杨施加秋水仙碱进行诱导加倍，自授粉 48 h 后，每隔 12 h 采用浸泡方式以浓度 0.3%秋水仙碱溶液持续处理 24 h，同时用 FAA 固定液固定与处理状态一致的雌花序，以检验实际发育情况。

树上非离体诱导利用的是哈尔滨市中美山杨保存林中的优良雌株，选择树木花枝位置较低的单株，将选择好的花枝进行固定，尽量使其位置最低，同时固定也减少了风对套袋的影响。观察雌花发育情况，待雌花开放前 3 d，对雌花芽进行套袋，待雌花适于授粉时再次套袋，待诱导时将杂交袋去掉。

加倍诱导采用秋水仙碱溶液，浓度为 0.1%、0.3%和 0.5%，自授粉 72 h 后，每隔 24 h 采用浸泡方式处理授粉花芽。每次处理持续时间为 24 h、48 h 和 72 h，观察授粉后花序状态，及时套袋收取种子播种以待测定。

以黑龙江省林业科学院丽林实验林场大青杨优良单株为母本，以鹤岗种源、林口县青山国家落叶松良种基地青山种源大青杨优树为父本，进行大青杨树上非离体多倍体诱导，选择优良雌株中花枝位置较低的单株，将选择好的花枝进行固定，尽量使其位置最低。注意观察雌花发育情况，待雌花开放前 3 d，对雌花芽进行套袋，待雌花适于授粉时再次套袋，待诱导时将杂交袋去掉。加倍诱导采用秋水仙碱溶液，浓度为 0.1%、0.3%和 0.5%。自授粉 24h 后，间隔 24 h 对雌花序进行秋水仙碱诱导处理，处理方式为瓶浸法，处理持续时间为 24 h、48 h、72 h，观察蒴果即将开裂时，套袋收取种子播种以待测定。

3. 不同倍性杨树杂交选育多倍体

利用不同倍性体杂交是获取新的多倍体、获得杂种优势最为简捷而有效的途径。以山杨与中美山杨为母本，以银中杨为父本，利用银中杨的三倍体优势开展不同倍性种间杂交育种研究。针对不同的选育目标，以生长、抗性、皮干颜色、分支角等生长与表观性状为指标，分别选择多株山杨与中美山杨亲本开展此项研究工作。

1）种子的收集与播种

切枝的杨树授粉后隔天换一次水，室内要保持通风，温度控制在 22 ℃以下，枝条顶端叶芽待展叶后留 1~2 片叶子，去掉生长点，保留其蒸腾拉力，又不过多消耗养分。勤观察两种处理方式的杨树，如有病虫害应及时去除，每天都要观察授粉后的花序状态，待有蒴果顶端开裂，微露白絮但尚未飞散种子时，套上自制牛皮纸袋，纸袋一面为可以透光的塑料薄膜，另一面为耐水透气的牛皮纸，可以保证种子继续正常发育和方便观察发育情况。当大部分花序都开裂时，将套袋果穗连枝条剪下，由于杨树种子含水率高，为免种子发热霉烂，果穗采集后应在干燥环境下除湿处理，过筛除杂得净种。种子分处理点播于经高温灭菌的土中，覆盖一层盖过种子的细土。播种后注意观察萌发情况，保持土壤湿度在 70%~85%，当苗高 5 cm 时移入营养钵，待其继续长至高 25 cm 时移栽大田。

2）植株倍性鉴定

（1）体细胞染色体观察。

将切下的二倍体和秋水仙碱诱导的植株根尖用冰水混合物进行预处理分散染色体，在 4 ℃的冰箱内保存 24 h 后将根尖转入卡诺固定液（三份无水乙醇与一份冰醋酸混合）于室温下固定 24 h。弃去固定液，清洗后再用体积分数 95% 的酒精和浓盐酸（3:1）的溶液处理 10 min。最后取根尖置于载玻片上，滴加改良苯酚品红染色液染色 10 min，轻盖盖玻片制成根尖临时压片，用光学摄像显微镜观测染色体条数并拍照。

（2）流式细胞仪检测。

8 月中旬，利用流式细胞仪检测杂种子代倍性，具体方法如下：取约 4 cm^2、新鲜的、生长正常的展开叶片置于玻璃培养皿内，加入 2 ml 4 ℃预处理的提取缓冲液[Buffer：10 mmol/L MgSO$_4$•7H$_2$O，50 mmol/L KCl，5 mmol/L HEPES，1%(W/V) PVP-40，0.25%(V/V) Triton X-100，pH=8.0]，用锋利的刀片快速将其切碎；用 30 μm 滤网将叶片组织液过滤到样品管中，向收集的滤液中加入 1 ml Staining solution（Partec）染液，充分混匀后染色 5 min；采用 Partec CyFlow-PA 型流式细胞仪对样品进行染色体细胞核 DNA 的含量分析，检测倍性。测试样品 DNA 的含量是以二倍体为对照的相对值。

3）山地杨树三倍体植株苗期测定

播种育苗时控制培养条件的一致性，以便在苗期对三倍体和二倍体进行客观评价，对两年生子代苗进行叶片形态、气孔属性、苗高、地径等指标的调查。

（1）三倍体叶片形态分析。

8 月中旬，用 ci-203 叶面积仪测定三倍体功能叶片（第 6~10 片）的面积、长度、宽度等指标，重复 3 次，取平均值。同时测定同一杂交组合 40 株二倍体的叶片指标作为对照。

（2）三倍体气孔属性分析。

选取子代苗，自顶部向下第 6 片完全展开叶片，清洗干净后，将背面均匀涂抹上透明指甲油，待晾干后用镊子撕下表皮，放置在滴加清水的载玻片上。观察统计 20 个视野下的气孔个数，换算成气孔密度，同时测量气孔长度、宽度。

（3）子代苗期生长状况。

待实生苗落叶停止生长后，用游标卡尺和塔尺对同一杂交组合的三倍体和二倍体对照进行苗高地径测定。

4）三倍体叶绿素含量

摘取 0.2 g 左右的新鲜叶片，加入 2 ml 体积分数 95% 的酒精，快速研磨至匀浆后，用体积分数 95% 的酒精定容到 25 ml，4000 r 离心 10 min，用 T6 紫外可见分光光度计分别测定上清液在 470 nm、649 nm、652 nm、665 nm 处的吸光度值（*OD*），各叶绿素含量公式如下，每个处理 3 次重复。

叶绿素 a 的含量 C_a（g·L^{-1}）=13.95 × OD_{665}–6.88 × OD_{649}

叶绿素 b 的含量 C_b（g·L^{-1}）=24.96 × OD_{649}– 7.32× OD_{665}

叶绿素 a、b 的总含量（g·L^{-1}）=OD_{652}×1 000/34.5

类胡萝卜素 C（g·L^{-1}）=$\dfrac{1\,000D_{470}\text{-}2.05Ca\text{-}114.8Cb}{245}$

5）数据处理

所有数据与绘图均采用 Microsoft Excel 和 SPSS16.0 软件处理。

（三）结果与分析

1.秋水仙碱诱导花粉染色体加倍

花粉染色体加倍采用了秋水仙碱瓶浸处理的方法，结合花粉形态学观测和制片方法判定小孢子母细胞减数分裂时期，对减数分裂处于细线早期、细线末期至粗线期、终变期至中期Ⅰ、中期Ⅱ的雄花芽施以秋水仙碱处理，持续处理时间分别为 2 h、4 h、6 h，浓度分别为 0.1%、0.3%、0.5%，每个组合处理 5~10 个花芽，重复 3 次。继续水培直至散粉，收集花粉，每个处理分别制成 5~10 个临时涂片，每涂片随机观察 5 个视野，统计 2n 花粉的发生频率。有关研究表明，植物未减数 2n 花粉与正常单倍性花粉在形态上有较大区别，杨树花粉直径大于 37 μm 就可认定为 2n 花粉（图 2-12）。

经秋水仙碱处理后的花芽有极少量散粉时间同对照相似，但产粉量相对减少；大部分花芽只是在花药上附有黄色的团状花粉，而随着秋水仙碱处理浓度和强度的提高，药剂对细胞的毒害作用增强，部分处理未能获得花粉。在这些花芽产生的花粉中，不同处理或多或少地含有一定比率的 2n 花粉，而对照中并未检出 2n 花粉（表 2-30）。

采用秋水仙碱溶液处理杨树花芽诱导花粉染色体加倍时，起始处理时期以细线末期和粗线期之间为宜，以浓度 0.5% 的秋水仙碱处理 4 h，2n 花粉诱导率最高达 48.50%（图 2-13）。

表 2-30　减数分裂过程中不同秋水仙碱浓度和处理时间获得 2n 花粉的百分率

减数分裂时期	秋水仙碱浓度	重复I			重复II			重复III			平均 2n 花粉		
		处理时间/h			处理时间/h			处理时间/h					
		2	4	6	2	4	6	2	4	6	2	4	6
细线早期	0.1%	18.71	11.55	8.14	7.68	15.50	8.22	8.32	10.20	14.40	11.57	12.42	10.25
	0.3%	0	10.54	19.38	4.80	1.20	0.35	0.24	0	0.60	1.68	3.91	6.78
	0.5%	—	9.75	15.36	16.57	14.68	13.05	5.98	11.60	—	11.28	12.01	14.21
细线末期至粗线期	0.1%	38.11	29.55	30.12	44.00	36.14	29.22	15.84	25.99	38.51	32.65	30.56	32.62
	0.3%	36.50	21.99	33.33	26.17	28.24	—	29.11	38.45	35.12	30.59	29.56	34.22
	0.5%	41.05	49.60	—	39.55	54.10	35.81	40.02	41.80	35.69	40.21	48.50	35.75
终变期至中期I	0.1%	14.84	16.67	17.34	17.14	21.47	19.32	10.93	15.74	17.57	14.30	17.96	18.08
	0.3%	18.12	15.04	21.05	24.66	18.18	15.79	21.60	23.18	18.47	21.46	18.80	18.44
	0.5%	21.66	—	18.85	23.12	15.74	26.05	18.76	—	25.22	21.18	15.74	23.37
中期II	0.1%	3.71	0	0	0	4.50	0	1.32	1.20	0.40	1.68	1.90	0.13
	0.3%	0	2.54	0	4.80	3.20	5.35	2.24	0	1.60	2.35	1.91	2.32
	0.5%	—	5.75	4.40	6.11	7.81	7.14	5.88	4.76	—	5.99	6.11	5.77
CK	0	0	0	0	0	0	0	0	0	0	0	0	0

注：—表示未获得花粉。

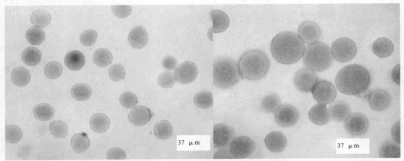

图 2-12　正常花粉及秋水仙碱诱导 2n 花粉（标尺为 37 μm）

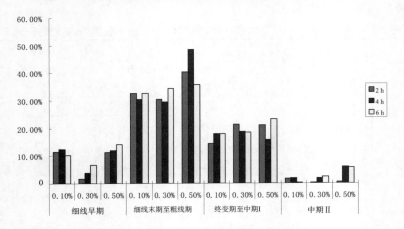

图 2-13　不同处理时期各秋水仙碱浓度和处理时间获得 2n 花粉的百分率

2. 授粉前施加秋水仙碱诱导山杨三倍体

第一年，以不同种源山杨为亲本，将雌花枝进行切枝水培后，自水培 24 h 起直至授粉期，每隔 24 h 分别以浓度 0.1%、0.3%、0.5% 的秋水仙碱水溶液，采用瓶浸法处理雌花序，处理持续时间为 24 h、36 h、48 h。然后授以正常花粉，倍性检测结果表明，有 2 个处理组合获得三倍体，共 3 株。其中，水培 96 h 后，以浓度 0.3% 的秋水仙碱浸泡山杨雌花芽，处理持续 24 h，保留二年生杂种子代苗 19 株，其中三倍体 2 株，诱导比例达 10.5%。另外，水培 96 h 后，以浓度 0.3% 的秋水仙碱浸泡山杨雌花芽，处理持续 36 h，保留二年生杂种子代苗 15 株，其中三倍体 1 株，诱导比例为 6.7%。由表 2-31 可知，秋水仙碱浓度为 0.3% 最适宜诱导授粉前的山杨三倍体，而处理持续时间越久，保留苗木数越低，所以以浓度为 0.3% 的秋水仙碱溶液持续浸泡 24 h，较为适合诱导山杨大孢子染色体加倍，效果最好。

表 2-31　不同浓度、处理时间下秋水仙碱诱导未授粉雌花芽苗木数和三倍体比例

| 秋水仙碱浓度/% | 水培时间/h | 处理持续时间/h | | | | | |
| | | 24 | | 36 | | 48 | |
		苗木/株	多倍体比例/%	苗木/株	多倍体比例/%	苗木/株	多倍体比例/%
0.1	24	24	0	67	0	14	0
	48	31	0	41	0	8	0
	72	25	0	4	0	25	0
	96	17	0	16	0	7	0
	120	82	0	82	0	31	0
	144	75	0	34	0	1	0
	168	62	0	25	0	0	0
0.3	24	77	0	43	0	3	0
	48	62	0	31	0	0	0
	72	90	0	14	0	5	0
	96	19	10.5	15	6.7	7	0
	120	43	0	33	0	11	0
	144	21	0	6	0	1	0
	168	46	0	62	0	0	0
0.5	24	31	0	15	0	3	0
	48	0	0	3	0	0	0
	72	32	0	16	0	4	0
	96	0	0	5	0	0	0
	120	1	0	0	0	10	0
	144	4	0	7	0	2	0
	168	21	0	1	0	0	0

次年根据上一年筛选出的最适宜浓度 0.3%、最适宜持续处理时间 24 h 对山杨雌花序再一次进行授粉前施加秋水仙碱处理。倍性检测结果显示，水培 96 h，保留一年生杂种子代苗 14 株，其中三倍体 1 株，诱导比例达 7.14%，水培 108 h，保留一年生杂种子代苗 25 株，其中三倍体 4 株，诱导比例达 16%。

通过观察处理时期采集固定的同生境下生长状态一致的雌花芽的大孢子母细胞切片，发现诱导时期的大孢子母细胞正处在减数分裂细线期至细线末期。由于山杨大、小孢子存在减数分裂时期相关性，因此对于未授粉山杨诱导加倍，可在作为参照的同水培条件下，雄花序露出 1/2 鳞片、花药颜色微红、小孢子发育至减数分裂中期 Ⅱ 时，以 0.3% 的秋水仙碱溶液持续处理 24 h 来诱

导山杨大孢子母细胞染色体加倍。

3.山杨最佳授粉时期确定

本研究以授粉时间为参照对授粉后杨树雌花序进行加倍，在最适宜授粉时期授粉变得尤为必要。李艳华和康向阳检测银白杨派树种柱头可授性的实验结果证明了用联苯胺-过氧化氢检测杨树最佳授粉时期的可行性。本研究以雌蕊柱头发育形态结合联苯胺-过氧化氢染色法对山杨雌蕊可授性进行检测，柱头染色后呈现蓝色并有气泡产生，表示雌蕊已具有可授性。

温室水培条件下，山杨雌蕊可授期大约是 3 d，雌蕊柱头形态与可授性有一定关联性。如表 2-32、图 2-14、图 2-15 所示，水培 188 h，柱头呈红色但尚未开裂，联苯胺-过氧化氢反应液检测无气泡产生、无颜色改变，雌蕊尚未具有可授性；水培 192 h，开裂角度 30°左右，柱头红色，表面有微量黏液分泌，联苯胺-过氧化氢反应液检测仍无气泡产生、无颜色改变。水培 204 h，开裂角度大于 60°，柱头红色，表面有黏液分泌，联苯胺-过氧化氢反应液检测有少量气泡产生、柱头染色呈蓝色，此时山杨雌花进入可授粉时期。水培 216 h，柱头开裂角度约为 180°，此时雌花柱头晶莹透亮且分泌大量黏液，联苯胺-过氧化氢反应液检测显示柱头产生大量气泡、柱头染色呈深蓝色，山杨雌花序达到最佳授粉时期。继续水培到 276 h，柱头变为褐色，有萎蔫的趋势，柱头经联苯胺-过氧化氢反应液检测无气泡产生，表明雌花序丧失可授性。实验结果显示，将柱头发亮并显得湿润、有大量黏液分泌的形态特征作为最佳可授期的标志是正确的。雌蕊柱头大量分泌黏液可以更有效地黏住空气中飘浮的花粉，完成风媒授粉过程，是山杨适应风力传播花粉长期演化的结果。

表 2-32　山杨雌蕊柱头可授性分析

水培时间 /h	柱头颜色	柱头形态	联苯胺-过氧化氢反应液检测
188	红	柱头尚未开裂，表面光滑	—
192	红	柱头开裂角度小于30°，表面有微量黏液	—
204	红	柱头开裂角度大于60°，表面有黏液	+
216	红	柱头开裂角度180°，表面有大量黏液	++
276	褐色	柱头表面暗淡，有萎蔫趋势	—

注："—"表示不具可授性，"+"表示具可授性，"++"表示具较强可授性。

图 2-14 雌蕊柱头形态

1.柱头未开裂；2.柱头开裂角度小于 30°；3.柱头开裂角度大于 60°；

4.柱头开裂角度 180°；5.柱头褐色有萎蔫趋势

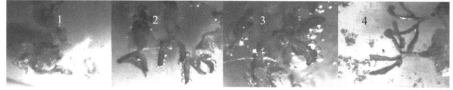

图 2-15 联苯胺-过氧化氢反应液检测雌蕊可授性

1.不具可授性；2.具可授性；3.具较强可授性；4.已过可授期

4.大青杨最佳授粉时期确定

以雌蕊柱头发育形态结合联苯胺-过氧化氢染色法对大青杨雌蕊进行可授性检测，柱头染色后呈现蓝色并有气泡产生，表示雌蕊已具有可授性。

温室水培条件下，大青杨雌蕊可授期大约是 4 d，雌蕊柱头形态与可授性有一定关联性。如表 2-33、图 2-16 所示，水培 204 h，苞片紧紧包裹着柱头，联苯胺-过氧化氢反应液检测无气泡产生、无颜色改变，雌蕊尚未具有可授性；水培 212 h，苞片外翻，柱头露出，柱头嫩绿色，表面有微量黏液分泌，联苯胺-过氧化氢反应液检测有少量气泡产生、柱头染色呈蓝色，此时进入可授粉时期。水培 248 h，花序松散，苞片外翻甚至脱落，黄绿色的柱头表面有大量黏液，此时雌花柱头晶莹透亮且分泌大量黏液，联苯胺-过氧化氢反应液检测显示柱头产生大量气泡、柱头染色呈深蓝色，大青杨雌花序达到最佳授粉时期。继续水培至 308 h，柱头变为黄褐色，有萎蔫的趋势，柱头经联苯胺-过氧化氢反应液检测无气泡产生，表明雌花序丧失可授性。实验结果显示，具有可授性的柱头经过联苯胺-过氧化氢溶液测试，出现蓝色阳性反应并有气泡产生。雌蕊的形态与可授性有着一定的关联，随着可授性的提高和降低，柱头颜色逐渐由嫩绿色变为黄绿色再变为黄褐色，直至褐色，并最终干枯。最佳可授期的雌蕊柱头晶莹透亮、有大量黏液。

表 2-33　大青杨雌蕊柱头可授性分析

水培时间/h	柱头颜色	柱头形态	联苯胺-过氧化氢反应液检测
204	嫩绿色	苞片紧紧包裹着柱头	—
212	嫩绿色	苞片外翻，柱头露出，表面有微量黏液	+
248	黄绿色	花序松散，柱头呈黄绿色，有大量黏液	++
308	黄褐色	花序完全伸展，柱头干枯萎蔫	—

注："—"表示不具可授性，"+"表示具可授性，"++"表示具较强可授性。

图 2-16　大青杨雌花芽形态及可授性检测

1.嫩绿色；2. 具可授性；3.具较强可授性；4.已过可授期

a.不具可授性；b.具可授性；c.具较强可授性；d.已过可授期

5.授粉后利用秋水仙碱诱导山杨多倍体

切枝水培杂交与树上非离体杂交均进行了授粉后施加秋水仙碱处理，都获得了三倍体与四倍体。

1）诱导切枝水培山杨多倍体

以不同种源山杨为母本，以中美山杨为父本，利用秋水仙碱水溶液对授粉后的切枝水培山杨雌花序进行诱导，秋水仙碱溶液浓度采用 0.1%、0.3% 和 0.5%，分别在授粉后 24 h、48 h、72 h、96 h、120 h 采用浸泡方式处理。每个处理持续时间为 24 h、36 h、48 h（表 2-34）。

表 2-34 不同浓度、处理时间下秋水仙碱诱导切枝授粉后山杨苗木数和多倍体比例

秋水仙碱浓度/%	授粉时间/h	处理持续时间/h					
		24		36		48	
		苗木/株	多倍体比例/%	苗木/株	多倍体比例/%	苗木/株	多倍体比例/%
0.1	24	18	0	31	0	5	0
	48	25	0	11	0	3	0
	72	8	0	0	0	10	0
	96	23	0	25	0	7	0
	120	74	0	51	0	22	0
0.3	24	24	0	53	0	13	0
	48	6	33.3	20	0	19	0
	72	42	2.3	11	0	21	0
	96	30	6.7	5	0	7	0
	120	82	0	16	0	31	0
0.5	24	24	0	19	0	3	0
	48	31	0	6	0	2	0
	72	6	0	0	0	0	0
	96	17	0	18	0	12	0
	120	82	0	5	0	4	0

切枝水培杂交倍性检测结果表明，有两个处理组合获得三倍体，共 3 株。其中，授粉 48 h 后，以 0.3%浓度的秋水仙碱溶液浸泡山杨雌花序，持续时间为 24 h，保留杂种子代苗 6 株，其中三倍体 2 株，诱导比例达 33.3%。另外，授粉 72 h 后，以 0.3%浓度的秋水仙碱溶液浸泡山杨雌花序，持续处理 24 h，保留杂种子代苗 42 株，其中三倍体 1 株，诱导比例为 2.3%。授粉 96 h 后，持续处理 24 h，保留杂种子代苗 30 株，其中四倍体 2 株，诱导比例为 6.7%。由表 2-34 可知，秋水仙碱浓度为 0.3%最适宜诱导授粉后的山杨多倍体，处理持续时间越久，保留苗木数越少，因此，以浓度为 0.3%的秋水仙碱溶液持续浸泡 24 h 较为合适，诱导山杨产生多倍体效果最好。

次年根据前一年实验结果，对授粉后的切枝水培山杨进行施加秋水仙碱诱导加倍，自授粉 48 h 后，每隔 12 h 采用浸泡方式以浓度 0.3%的秋水仙碱溶液持续处理 24 h。经倍性检测共获得三倍体 21 株，切枝水培杂交授粉 48 h 后，保留子代苗 35 株，其中三倍体 4 株，诱导率为 11.4%；授粉 60 h 后，保留子代苗 78 株，其中三倍体 15 株，诱导率为 19.2%；授粉 72 h 后，保留子代苗 51 株，其中三倍体 2 株，诱导率为 3.9%。授粉 96 h 后，保留子代苗 22 株，

其中四倍体 4 株, 诱导率为 18.2%; 授粉 120 h 后, 保留子代苗 28 株, 其中四倍体 2 株, 诱导率为 7.1%。

授粉后施加秋水仙碱能够获得三倍体, 推测其可能途径是一个加倍的配子体和正常减数配子结合而成, 或者是多精受精。多精受精在自然界发生率低, 如果是这种原因形成的三倍体, 在对照中也会有三倍体发现。研究证明, 花粉母细胞在散粉前就已经完成了花粉双核期的花粉生殖核有丝分裂, 所以加倍的配子就是雌配子, 即胚囊染色体加倍, 对诱导期固定的花芽切片观察发现, 胚囊发育正巧发生在三倍体出现的时期, 可以推测正是胚囊的三次有丝分裂提供了产生不减数卵细胞的可能。所以可以推断授粉后施加秋水仙碱诱导出的三倍体的发生机制正是秋水仙碱干扰了胚囊发育过程, 使胚囊染色体加倍后和单倍体花粉受精而来的。而授粉后施加秋水仙碱获得四倍体的途径是秋水仙碱作用于合子有丝分裂, 合子作为一个单一细胞, 其染色体加倍后形成纯合四倍体, 而不易形成混倍体或嵌合体植株, 是人工诱导四倍体植株的最理想选择。由此可知, 对于授粉后诱导山杨三倍体, 最佳的条件在授粉后 48~72 h, 采用 0.3%的秋水仙碱溶液持续处理 24 h; 对于授粉后诱导山杨四倍体, 最佳的条件是在授粉后 96~120 h, 采用 0.3%的秋水仙碱溶液持续处理 24 h。

2) 诱导树上非离体山杨多倍体

树上杂交, 以中美山杨为母本, 以优良种源山杨为父本, 授粉后利用不同浓度的秋水仙碱溶液浸泡雌花芽, 诱导山杨杂种三倍体或四倍体。倍性检测结果 (表 2-35) 显示, 授粉 96 h 后, 以 0.1%浓度的秋水仙碱浸泡山杨雌花序, 处理持续 48 h, 获得三倍体 11 株, 诱导三倍体比例达 14.7%。另外, 授粉 120 h 后, 以 0.1%浓度的秋水仙碱溶液浸泡山杨雌花序, 处理持续 48 h, 获得四倍体 7 株, 诱导四倍体比例达 21.9%。

表 2-35 不同浓度、处理时间施加秋水仙碱诱导树上杂交山杨苗木数和多倍体比例

秋水仙碱浓度/%	授粉时间/h	持续处理时间/h					
		24		48		72	
		苗木/株	多倍体比例/%	苗木/株	多倍体比例/%	苗木/株	多倍体比例/%
0.1	72	105	0	68	0	25	0
	96	75	0	75	14.7	7	0
	120	82	0	32	21.9	31	0
	144	48	0	34	0	1	0
0.3	72	20	0	18	0	7	0
	96	21	0	17	0	9	0
	120	57	0	25	0	11	0
	144	14	0	16	0	1	0
0.5	72	8	0	6	0	0	0
	96	0	0	5	0	5	0
	120	1	0	0	0	1	0
	144	4	0	4	0	0	0

6.授粉后利用秋水仙碱诱导大青杨多倍体

切枝水培杂交与树上非离体杂交均进行了授粉后施加秋水仙碱处理,但是切枝水培的授粉雌花序经过秋水仙碱处理后,由于大青杨从授粉到收种时间较长,枝条养分供给不足,加之药物的毒害作用,在果序发育过程中均出现蒴果脱落现象,甚至整条果序脱落,最终获得的种子数量不多,同时由于毒害作用,部分种子发育不完全,导致成苗率不高,子代倍性测定未检测出多倍体。

基于以上原因,开展了大青杨树上非离体多倍体诱导,以伊春丽林实验林场大青杨优良单株为母本,鹤岗种源、林口青山种源大青杨优树为父本,自授粉 24 h 后,每间隔 24 h 对雌花序进行秋水仙碱诱导处理,加倍诱导采用秋水仙碱溶液,浓度为 0.1%、0.3% 和 0.5%,处理方式为瓶浸法,处理持续时间为 24 h、48 h、72 h。

实验结果（表 2-36）表明，成苗率随着浓度的增加和处理时间的延长而减少。授粉 24 h 后，以浓度 0.1%的秋水仙碱持续处理 24 h，获得三倍体 9 株，诱导率为 14.1%。授粉 24 h 后，以浓度 0.3%的秋水仙碱持续处理 24 h，获得三倍体 4 株，诱导率达 8.5%。授粉 48 h 后，以浓度 0.1%的秋水仙碱持续处理时间 24 h，获得四倍体 7 株，诱导率达 12.1%。

表 2-36　不同浓度、处理时间下大青杨树上杂交诱导苗木数和多倍体比例

秋水仙碱浓度/%	授粉时间/h	持续处理时间/h					
		24		48		72	
		苗木/株	多倍体比例/%	苗木/株	多倍体比例/%	苗木/株	多倍体比例/%
0.1	24	64	14.1	54	0	11	0
	48	58	12.1	17	0	8	0
	96	117	0	25	0	6	0
	120	95	0	33	0	7	0
0.3	24	47	8.5	14	0	9	0
	48	87	0	19	0	4	0
	96	36	0	15	0	11	0
	120	58	0	21	0	1	0
0.5	24	7	0	7	0	4	0
	48	10	0	4	0	2	0
	96	4	0	1	0	0	0
	120	8	0	2	0	0	0

利用秋水仙碱诱导大青杨多倍体，非离体状态能够更充分保障花序的营养供给，大大提高种子发芽率及多倍体数量，证实了此种方式是提高大青杨多倍体诱导率的有效途径。授粉 24~48 h 后，以浓度 0.1%的秋水仙碱持续处理 48 h 较为适宜。

7. 不同倍性杨树杂交选育多倍体

利用不同倍性体杂交是获取新的多倍体最为简捷而有效的途径。连续三年以山杨与中美山杨为母本，以银中杨为父本，利用银中杨为三倍体的优势，开展杨树不同倍性间的杂交育种研究。三年共保留杂种苗 70 株，检测到三倍体 6 株、四倍体 10 株，三倍体诱导率为 8.6%，四倍体诱导率为 14.3%，多倍体诱导率为 22.9%。

8. 子代苗倍性鉴定

8 月中旬，摘取完全展开的子代苗叶片，利用 Partec CyFlow-PA 型流式细

胞仪检测山地杨树杂种子代倍性。测试样品细胞核 DNA 的含量是以对照为标准的相对值。纵坐标表示细胞数量，横坐标表示荧光强度，如图所示，图 2-17a 为对照二倍体，图 2-17b 为三倍体，荧光强度正好为二倍体的 1.5 倍，图 2-17c 为四倍体，荧光强度正好为二倍体的 2 倍。检测结果显示共获得三倍体山杨植株 43 株、四倍体 15 株，分别为诱导大孢子母细胞染色体加倍获得三倍体 8 株、胚囊染色体加倍获得三倍体 24 株、树上非离体染色体加倍获得三倍体 11 株、合子染色体加倍获得四倍体 8 株、树上非离体染色体加倍获得四倍体 7 株。检测结果显示共获得三倍体大青杨植株 13 株、四倍体 7 株。

把流式细胞仪检测出的三倍体、四倍体和二倍体山杨对照用体细胞染色体观察法重新检测分析，检测倍性结果与流式细胞仪一致。将山杨根尖制成临时压片，可以观测到，对照二倍体根尖细胞染色体数为 $2n=2x=38$，已测三倍体根尖细胞染色体条数为 $2n=3x=57$，染色体数是正常二倍体的 1.5 倍，已测四倍体根尖细胞染色体条数为 $2n=4x=76$，染色体数是正常二倍体的 2 倍，两次检验的结果一致，说明鉴定结果准确、可靠。

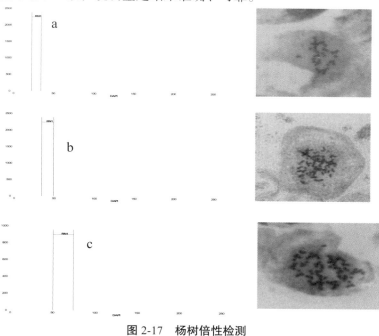

图 2-17　杨树倍性检测

a.二倍体 $2n=2x=38$；b.三倍体 $2n=3x=57$；c.四倍体 $2n=4x=76$。

9.三倍体植株苗期测定

由于三倍体可孕性较低，减少了开花结果的营养消耗，使材积的增益更大，对于收获木材的杨树来说是多倍体选育的重点。播种育苗时须控制培养条件的一致性，以便在苗期对三倍体和二倍体进行客观评价，对胚囊染色体加倍获得的 21 株二年生三倍体子代苗叶片形态、气孔属性、苗高、地径、叶绿素含量等指标进行分析。

1）三倍体叶片形态分析

8 月中旬，用叶面积仪测定山杨三倍体功能叶片（第 6~10 片）的面积、长度、宽度等指标，重复 3 次，取平均值。同时测定同一杂交组合 40 株二倍体山杨的叶片指标作为对照。

方差分析结果（表 2-37）表明，二倍体和三倍体子代苗的叶面积、叶长、叶宽的 Sig. 分别是 0.000、0.020、0.006，均小于 0.05，说明二倍体和三倍体子代苗的叶面积、叶长及叶宽差异显著。

表 2-37　三倍体与二倍体叶片形态方差分析

		平方和	自由度	均方	F	Sig.
面积	组间	6 881.461	1	6 881.461	17.113	0.000
	组内	120 236.183	299	402.128		
	合计	127 117.644	300			
叶长	组间	18 745.355	1	18 745.355	9.795	0.020
	组内	572 218.437	299	1 913.774		
	合计	590 963.793	300			
叶宽	组间	17.252	1	17.252	7.704	0.006
	组内	535.217	239	2.239		
	合计	552.469	240			

2）三倍体气孔属性分析

对三倍体和二倍体对照的气孔属性——长度、宽度、密度进行观察分析，由表 2-38 可知，相较于二倍体，三倍体的气孔长度长、宽度大，而气孔密度则小。

表 2-38　三倍体与二倍体气孔特征

气孔特征	二倍体		三倍体	
	平均值±标准差	变幅	平均值±标准差	变幅
气孔长度/μm	22.24±2.99	18.64~27.65	27.82±3.31	22.54~33.47
气孔宽度/μm	15.31±1.64	13.58~18.44	18.18±2.16	17.02~20.89
气孔密度/（个/视野）	30.38±8.21	22.00~43.00	17.75±3.73	14.00~25.00

方差分析结果（如表 2-39）表明，二倍体和三倍体子代苗气孔长、宽、密度的 Sig.分别是 0.003、0.010、0.001，均小于 0.05，说明二倍体和三倍体子代苗的气孔长、宽以及气孔密度差异显著。不同倍性植株气孔特征如图 2-18 所示。

表 2-39　三倍体与二倍体气孔属性方差分析

		平方和	自由度	均方	F	Sig.
气孔长度	组间	249.538	1	249.538	26.896	0.003
	组内	278.334	30	9.278		
	合计	527.872	31			
气孔宽度	组间	65.780	1	65.780	19.191	0.010
	组内	102.828	30	3.428		
	合计	168.608	31			
气孔密度	组间	1 275.125	1	1 275.125	33.593	0.001
	组内	1 138.750	30	37.958		
	合计	2 413.875	31			

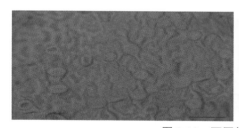 

图 2-18　不同倍性植株气孔特征

1.二倍体；2.三倍体（标尺为 50 μm）

3）子代苗生长状况

待生实生苗落叶停止生长后，用游标卡尺和塔尺对同一杂交组合的三倍体和二倍体对照进行苗高、地径测定。方差分析结果（表 2-40）表明，二倍体和三倍体子代苗苗高、地径 Sig.均小于 0.05，说明二倍体和三倍体子代苗的苗高、地径差异显著。

表 2-40 三倍体与二倍体生长状况方差分析

		平方和	自由度	均方	F	Sig.
苗高	组间	21787.351	1	21787.351	29.785	0.000
	组内	86314.319	118	731.477		
	合计	108101.60	119			
地径	组间	236.652	1	236.652	23.776	0.000
	组内	1174.490	118	9.953		
	合计	1411.142	119			

由表 2-41 可知，三倍体的苗高、地径平均值高于二倍体，分别高出二倍体 35% 和 30%，但并非全部三倍体的生长状况都好于二倍体，编号 15 的三倍体比照二倍体并不具有生长优势，苗高、地径分别比二倍体平均值低 17% 和 21%。

表 2-41 三倍体与二倍体苗高、地径调查

三倍体编号	苗高/cm	苗高相对值/%	地径/mm	地径相对值/%
1	152.2	150	12.64	166
2	183.1	181	14.46	190
3	150.9	149	11.65	153
4	131.5	129	8.19	107
5	128.5	126	9.12	120
6	167.1	165	13.37	175
7	120.0	118	10.40	137
8	150.1	148	12.77	167
9	145.3	143	12.64	166
10	131.8	130	12.61	165
11	127.1	125	9.54	125
12	123.4	121	11.28	148
13	151.9	151	13.35	175
14	106.5	105	8.21	107
15	84.3	83	6.07	79
16	142.1	140	9.86	129
17	135.4	133	11.60	148
18	155.3	153	13.39	176
19	115.5	114	8.23	108
20	110.4	109	9.71	127
21	159.1	157	13.57	178
三倍体平均值	136.7	135	9.90	130
二倍体平均值	101.2	100	7.61	100

4）三倍体叶绿素含量

叶绿素是植物光合作用、生长状况的外在反映。如图 2-19 所示，通过测量，三倍体子代苗叶绿素含量均高于二倍体子代苗，叶绿素 a、叶绿素 b、叶

绿素 a+b 和类胡萝卜素分别比二倍体增加了 31.5%、47.8%、35.7%和 57.6%。
由表 2-42 可知，叶绿素 a、叶绿素 a+b 差异均不显著，叶绿素 b 和类胡萝卜
素 Sig.小于 0.05，差异显著。

表 2-42　三倍体与二倍体叶绿素含量方差分析

		平方和	自由度	均方	*F*	Sig.
叶绿素a	组间	0.156	1	0.156	13.775	0.066
	组内	0.023	2	0.011		
	合计	0.179	3			
叶绿素b	组间	0.039	1	0.039	27.302	0.035
	组内	0.003	2	0.001		
	合计	0.042	3			
叶绿素a+b	组间	0.355	1	0.355	17.855	0.052
	组内	0.040	2	0.020		
	合计	0.395	3			
类胡萝卜素	组间	0.028	1	0.028	33.133	0.029
	组内	0.002	2	0.001		
	合计	0.029	3			

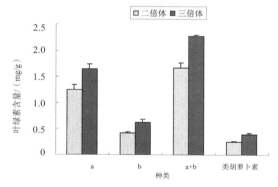

图 2-19　二倍体和三倍体叶绿素含量比较

三、小结

温室水培条件下，山杨雌蕊可授期大约是 3 d，雌蕊柱头形态与可授性有
相关性，柱头发红、晶莹透亮，分泌出大量黏液，开裂角度达到 180°时，为
山杨最佳的授粉时期；大青杨雌蕊可授期大约是 4 d，雌蕊柱头形态与可授性
有相关性，花序松散，柱头露出呈黄绿色，且柱头晶莹透亮，分泌出大量黏
液，为最佳的授粉时期。

诱导杨树花粉染色体加倍，采用浓度 0.5%的秋水仙碱溶液，起始处理时
期在细线末期至粗线期处理 4 h，二倍体花粉诱导率最高达 48.50%。利用二倍

体花粉授粉杂交选育三倍体，可能是由于花粉所含比率较低，加之二倍体花粉存在萌发缓慢、较单倍体配子竞争力差等问题，并未获得三倍体植株。

授粉前诱导三倍体的作用机制是诱导大孢子母细胞染色体加倍，作用时期为大孢子母细胞减数分裂细线期至细线末期，利用未减数雌配子授粉后形成三倍体，不存在单倍体配子竞争，不存在嵌合体，优势明显。可以参照同水培条件下雄花序露出 1/2 鳞片、花药颜色微红、小孢子发育至减数分裂 II 时以 0.3%的秋水仙碱溶液持续处理 24 h 来诱导山地杨树大孢子母细胞染色体加倍。授粉后施加秋水仙碱诱导出三倍体的发生机制正是秋水仙碱干扰了胚囊发育过程，使胚囊染色体加倍后和单倍体花粉受精而来的。而授粉后施加秋水仙碱获得四倍体的途径是秋水仙碱作用于合子有丝分裂，合子作为一个单一细胞，其染色体加倍后形成纯合四倍体，而不易形成混倍体或嵌合体植株，是人工诱导四倍体植株的最理想选择。

实验共获得三倍体 62 株、四倍体 32 株。其中授粉前诱导山杨三倍体 8 株，诱导率达 16%。

授粉后诱导切枝水培山杨共获得三倍体 24 株，最佳的条件在授粉 48~72 h 后，采用 0.3%的秋水仙碱溶液持续处理 24 h，诱导率为 19.2%；获得四倍体 8 株，最佳的条件在授粉 96~120 h 后，采用 0.3%的秋水仙碱溶液持续处理 24 h，诱导率为 18.2%。

授粉后诱导树上杂交山杨获得三倍体 11 株，最佳的条件是授粉 96 h 后，以 0.1%的秋水仙碱溶液持续浸泡 48 h，诱导率达 14.7%；获得四倍体 7 株，最佳的条件是授粉 120 h 后，以 0.1%的秋水仙碱持续浸泡 48 h，诱导率达 21.9%。

授粉后诱导大青杨多倍体，树上非离体状态能够更充分保障花序的营养供给，大大提高种子发芽率及多倍体数量，证实了此种方式是提高大青杨多倍体诱导率的有效途径。授粉 24~48 h 后，以 0.1%的秋水仙碱溶液持续处理 48 h 较为适宜。获得三倍体 13 株，诱导率最高为 14.1%；获得四倍体 7 株，诱导率为 12.1%。

杨树倍性间常规杂交育种获得三倍体 6 株、四倍体 10 株，三倍体诱导率为 8.6%，四倍体诱导率为 14.3%，多倍体诱导率为 22.9%。

流式细胞仪和体细胞染色体观察法检测多倍体结果一致。流式细胞仪对实验材料样品需求量小，且处理简便，实验流程更加快捷，能够高效地对大量的子代苗进行检测，更适宜对山地杨树做多倍体植株鉴定。

对胚囊染色体加倍的杂种子代开展了三倍体和二倍体子代苗生长、生理等相关指标的测定，结果显示三倍体子代苗与同一杂交组合二倍体相比，在苗高、地径、叶片形态、气孔属性、叶绿素含量等方面都有明显区别，其中三倍体的苗高、地径平均值分别高出二倍体 35% 和 30%，但并非全部三倍体的生长状况都优于二倍体。三倍体的叶面积、叶长、叶宽较二倍体有生长优势，且差异显著。三倍体和二倍体子代苗的气孔长、宽以及气孔密度差异显著，倍性越高，气孔长、宽越大，而气孔密度越低。三倍体子代苗的叶绿素 a、叶绿素 b、叶绿素 a+b 和类胡萝卜素含量均高于二倍体子代苗，分别比二倍体增加了 31.5%、47.8%、35.7% 和 57.6%，叶绿素 b 和类胡萝卜素含量差异显著。但 2 年苗期性状是否稳定还有待进一步的观察。

附图

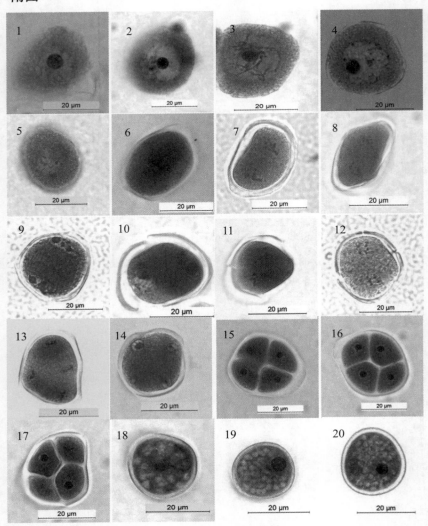

图版Ⅰ   小孢子母细胞减数分裂进程

图版说明：1.细线期；2.细线末期；3.粗线期；4.双线期；5.终变期；6.中期Ⅰ；7.后期Ⅰ；8-9.末期Ⅰ；10.前期Ⅱ；11.中期Ⅱ；12.后期Ⅱ；13-14.末期Ⅱ；15.左右对称型四分体；16.四面体型四分体；17.交叉型四分体；18.单核早期小孢子；19.单核靠边期小孢子；20.双核期小孢子。

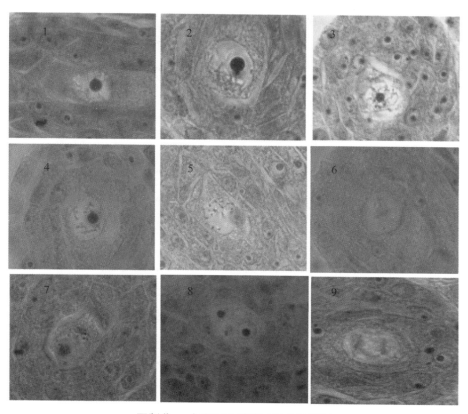

图版Ⅱ 大孢子母细胞减数分裂进程

图版说明：1.细线期；2.细线末期；3.粗线期；4.双线期；5.终变期；6.中期Ⅰ；7.后期Ⅰ；8.前期Ⅱ；9.中期Ⅱ。

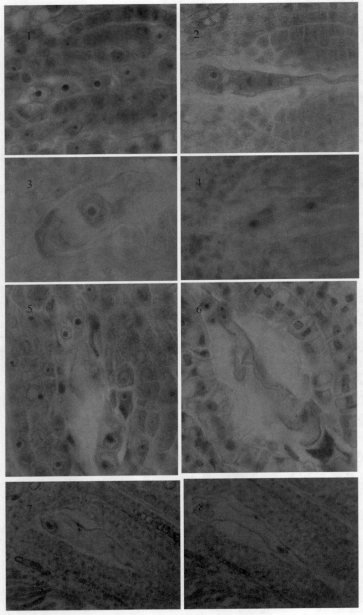

图版Ⅲ 胚囊发育进程

图版说明：1.四分体；2.功能大孢子，合点端三个大孢子逐渐退化；3.单核胚囊；4.二核胚囊；5.四核胚囊；6.八核胚囊；7-8.成熟胚囊（连续切片）。

图版Ⅳ　山杨二倍体和多倍体优良单株（左1为二倍体对照）

图版Ⅴ 山地杨树优良无性系

参考文献

[1] ARUMUGANATHAN K. Estimation of nuclear DNA content of plants by flow cytometry [J]. Plant MolEcular Biology Reporter, 1991（9）: 229-241.

[2] ELLSTRAND N C, ELAM D R. Population genetic consequences of small population size: Implications for plant conservation [J]. Annual Review of Ecology and Systematics, 1993, 24: 217-242.

[3] SILVERTOWN J, CHARLESWORTH D. 简明植物种群生物学[M]. 4 版. 李博，董慧琴，陆建忠，等，译. 北京：高等教育出版社，2003.

[4] NEI M, LI W H. Mathematical model for studying genetic variation in terms of restriction endonucleases[J]. Proceedings of the National Academy of Sciences of the United States of America, 1979, 76（10）: 5269-5273.

[5] NEI M. Analysis of gene diversity in subdivided populations[J]. Proceedings of the National Academy of Sciences of the United States of America, 1973, 70（12）: 3321-3323.

[6] NEI M. Estimation of average heterozygosity and genetic distance from a small number of individuals[J]. Genetics, 1978, 89（3）: 583-590.

[7] PASOONEN H L, SEPPANEN S K, DEGEFU Y, et al. Field performance of chitinase transgenic silver birches（*Betula pendula*）: resistance to fungal diseases[J]. Theoretical and Applied Genetics, 2004, 109（3）: 562-570.

[8] PEKKINEN M, VARVIO S, KULJU K K M, et al. Linkage map of birch, *Betula pendula* Roth, based on microsatellites and amplified fragment length polymorphisms[J]. Genome, 2005, 48（4）: 619-625.

[9] RAHMAN M H, RAJORA O P. Microsatellite DNA fingerprinting, differentiation and genetic relationships of clones, cultivars and varieties of six poplar species from three sections of the genus Populus[J]. Genome, 2002, 45（6）: 1083-1094.

[10] SCHAAL B A, LEVERICH W J, ROGSTAD S H. Comparison of methods for assessing genetic variation in plant conservation biology[C]//FALK D A, HOLSINGER K E . Genetics and conservation of rare plants. New York: Oxford University Press, 1991: 123-134.

[11] SHI N N, CHEN J, WILSON T M A, et al. Single-strand conformation polymorphism analysis of RT-PCR products of UK isolates of barley yellow mosaic virus[J]. Virus Research, 1996, 44（1）: 1-9.

[12] TIIMONEN H, ARONE T, LAAKSO T, et al. Does lignin modification affect feeding preference or growth performance of insect herbivores in transgenic silver birch （*Betula pendula* Roth.） [J]. Planta, 2005, 222（4）: 699-708.

[13] VIVES M C, RUBIO L, GALIPIENSO L, et al. Low genetic variation between isolates of Citrus leaf blotch virus from different host species and of different geographical origins[J]. Journal of General Virology, 2002, 83（10）: 2587-2591.

[14] WRIGHT S. Evolution in mendelian populations [J]. Bulletin of Mathematical Biology, 1990, 52（1-2）: 241-295.

[15] ZHOU C J, SONH H Z, LI J H, et al. Evaluation of AFLP for genetic diversity and assessment of germplasm fingerprint in five Sections of the genus Populus[J]. Plant Molucular Biology, 2005, 23: 39-51.

[16] 陈灵芝, 马克平. 生物多样性科学: 原理与实践[M]. 上海: 上海科学技术出版社, 2001.

[17] 陈士炎, 叶大鹏. 茶树倍性与保卫细胞叶绿体数目的关系[J]. 茶叶科学, 1989, 9（2）: 127-132.

[18] 樊冬丽, 秦艳芳, 田展. 棉种染色体倍性与叶片气孔性状的关系[J]. 山西农业大学学报, 2003, 23（1）: 7-10.

[19] 葛颂, 洪德元. 生物多样性及其度量[C]//中国科学院生物多样性委员会. 生物多样性研究的原理与方法. 北京: 中国科学技术出版社, 1994: 123-140.

[20] 葛永奇，邱英雄，丁炳扬，等. 孑遗植物银杏群体遗传多样性的 ISSR 分析[J]. 生物多样性，2003，11（4）：276-287.

[21] 胡晓丽，周春江，岳良松. 三倍体毛白杨无性系的 AFLP 分子标记鉴定[J]. 北京林业大学学报，2006，28（2）：9-14.

[22] 黄秦军，苏晓华，黄烈健，等. 美洲黑杨×青杨木材性状 QTLs 定位研究[J]. 林业科学，2004，40（2）：55-60.

[23] 黄秦军，苏晓华，张香华. 利用 AFLP 和 SSR 标记构建美洲黑杨×青杨遗传图谱[J]. 林业科学研究，2004，17（3）：291-299.

[24] 姜静，杨传平，刘桂丰，等. 利用 RAPD 标记技术对白桦种源遗传变异的分析及种源区划[J]. 植物研究，2001，21（1）：127-131.

[25] 姜廷波，李绍臣，高福铃，等. 白桦 RAPD 遗传连锁图谱的构建[J]. 遗传，2007，29（7）：867-873.

[26] 解奇明. 杨树不同品种的过氧化物同工酶分析[J]. 林业科技，1997，22（3）：14-16.

[27] 黎裕，贾继增，王天宇. 分子标记的种类及其发展[J]. 生物技术通报，1999，15（4）：1-5.

[28] 李春红，孟祥启，蒋有绎. 玉米花药培养及再生植株倍性鉴定[J]. 华北农学报，1993，8（2）：64-68.

[29] 李典谟，徐汝梅. 物种濒危机制和保育原理[M]. 北京：科学出版社，2005：42-59.

[30] 李科友，唐德瑞，朱海兰，等. 美国黄松离体胚培养条件下不定芽的形成与根产生的研究[J]. 林业科学，2004，40（4）：63-67.

[31] 李新军，黄敏仁，潘惠新，等. 林木基因组中的微卫星（SSR）及其应用[J]. 南京林业大学学报，1999，23（5）：64-69.

[32] 梁海永，刘彩霞，刘兴菊. 杨树品种的 SSR 分析及鉴定[J]. 河北农业大学学报，2005，28（4）：27-31.

[33] 刘成洪，王亦菲，陆瑞菊，等. 用气孔保卫细胞周长鉴定甘蓝型油菜植株倍性水平[J]. 上海农业学报，2002，18（3）：35-38.

[34] 陆斐，初艳. 欧洲白桦嫁接试验[J]. 特产研究，2006（3）：51-52.

[35] 邱芳,伏健民,金德敏,等. 遗传多样性的分子检测[J]. 生物多样性,1998,6（2）：143-150.

[36] 施立明，贾旭，胡志昂. 遗传多样性[C]//陈灵芝. 中国的生物多样性现状及其保护对策. 北京：科学出版社，1993：31-113.

[37] 宋玉霞，李桂华，王立英，等. 白杨派杨树杂种 F_1 代同工酶谱聚类分析[J]. 宁夏农林科技，1995，2：18-21.

[38] 苏晓华，张绮纹，郑先武，等. 利用 RAPD 分析大青杨天然群体的遗传结构[J]. 林业科学，1997，33（3）：504-511.

[39] 唐荣华，张君诚，吴为人. SSR 分子标记的开发技术研究进展[J]. 西南农业学报，2002，15（4）：106-109.

[40] 王进茂，杨敏生，杜克久，等. 欧洲白桦优良无性系试管苗生根与移栽的研究[J]. 西北林学院学报，2005，20（4）：67-71.

[41] 王明麻. 林木遗传育种学[M]. 北京：中国林业出版社，2001：336-366.

[42] 王秋玉. 红皮云杉地理种源的遗传变异[D]. 哈尔滨：东北林业大学，2002.

[43] 王素娟，裴月湖. 白桦叶中的二苯基庚烷类化合物[J]. 中草药，2001，32（2）：99-101.

[44] 王心宇，陈佩度，亓增军，等. ISSR 标记在小麦指纹图谱分析中的应用研究初探[J]. 农业生物技术学报，2001，9（3）：261-263.

[45] 翁尧富，陈源，赵勇春，等. 板栗优良品种（无性系）苗木分子标记鉴别研究[J]. 林业科学，2001，37（2）：51-55.

[46] 贾继增. 分子标记种质资源鉴定和分子标记育种[J]. 中国农业科学，1996，29（4）：1-10.

[47] 夏铭. 遗传多样性研究进展[J]. 生态学杂志，1999，18（3）：59-65.

[48] 邢世岩. 松属树种细胞、组织和器官培养名录[J]. 植物生理学通讯，1990（1）：75-79.

[49] 杨世桢，陈晓波，陆斐. 欧洲白桦苗期试验初报[J]. 吉林林业科技，2007，36（2）：12-16.

[50] 杨永华，钦佩，胡永金. 分子遗传技术与生物遗传多样性研究[J]. 农村生态环境，1996，12（4）：28-31，23.

[51] 尹佟明，孙晔，易能君，等. 美洲黑杨无性系 AFLP 指纹分析[J]. 植物学报，1998，40（8）：778-780.

[52] 余贻骧. 中国造纸工业纤维原料结构现况与发展展望[J]. 纸和造纸，2004（3）：17-20.

[53] 张金然，尚洁，王秋玉. 山杨杂种无性系的 SSR 分子标记遗传多样性[J]. 植物研究，2006，26（4）：447-451.

[54] 张淑娟，王进茂，张世红，等. 欧洲白桦叶片器官发生过程中生理指标的变化[J]. 河北林果研究，2006，21（3）：229-232.

[55] 张香华，苏晓华，黄秦军，等. 欧洲黑杨育种基因资源 SSR 多态性比较研究[J]. 林业科学研究，2006，19（4）：477-483.

[56] 张志勇，李德铢. 极度濒危植物五针白皮松的保护遗传学研究[J]. 云南植物研究，2003，25（5）：544-550.

[57] 郑健. 花楸树遗传资源评价、保存与利用[D]. 北京：中国林业科学研究院，2008.

[58] 郑万钧. 中国树木志[M]. 北京：中国林业出版社，1983.

[59] 钟章成. 植物种群生态适应机理研究[M]. 北京：科学出版社，2000.

[60] 朱翔，刘桂丰，杨传平，等. 白桦种源区划及优良种源的初步选择[J]. 东北林业大学学报，2001，29（5）：11-14.

[61] 朱翔，杨传平，李忠，等. 2 年生白桦种源的地理变异[J]. 东北林业大学学报，2001，29（6）：7-10.

[62] 朱之悌. 我国造纸国情的若干特点及其解决的对策[J]. 北京林业大学学报，2002，24（5/6）：284-287.

[63] 邹喻苹，葛颂，王晓东. 系统与进化植物学中的分子标记[M]. 北京：科学出版社，2001.